主办 中国建设监理协会

中国建设监理与咨询

03

2015 / 2

总 第 3 期

CHINA CONSTRUCTION
MANAGEMENT and CONSULTING

U0283282

中国建筑工业出版社

图书在版编目（CIP）数据

中国建设监理与咨询03 / 中国建设监理协会主办. —北京：中国建筑
工业出版社，2015.4
ISBN 978-7-112-18050-9

Ⅰ.①中…　Ⅱ.①中…　Ⅲ.①建筑工程—监理工作—研究—中国
Ⅳ.①TU712

中国版本图书馆CIP数据核字（2015）第078157号

责任编辑：费海玲　张幼平
责任校对：李美娜　刘　钰

中国建设监理与咨询　03

主办　中国建设监理协会

*

中国建筑工业出版社出版、发行（北京西郊百万庄）
各地新华书店、建筑书店经销
北京嘉泰利德公司制版
北京缤索印刷有限公司印刷

*

开本：880×1230毫米　1/16　印张：7¼　字数：260千字
2015年4月第一版　2015年4月第一次印刷
定价：35.00元
ISBN 978-7-112-18050-9
（27279）

编委会

主任：郭允冲

执行副主任：修　璐

副主任：王学军　张振光　温　健　刘伊生
　　　　李明安　汪　洋

委员（按姓氏笔画为序）：

王北卫　邓　涛　乐铁毅　朱本祥　许智勇

孙　璐　李　伟　杨卫东　张铁明　陈进军

范中东　周红波　费海玲　贾福辉　顾小鹏

徐世珍　唐桂莲　龚花强　梁士毅　屠名瑚

执行委员：王北卫　孙　璐

编辑部

地址：北京海淀区西四环北路158号
　　　慧科大厦东区10B

邮编：100142

电话：（010）68346832

传真：（010）68346832

E-mail：zgjsjlxh@163.com

03
2015 / 2

CHINA CONSTRUCTION
MANAGEMENT and CONSULTING

中国建设监理与咨询

目录 CONTENTS

■ **监理论坛**

■ **项目管理与咨询**

■ **创新与研究**

■ **人才培养**

■ **人物专访**

■ **企业文化**

北京召开2015年建设工程监理工作会

2015年2月11日，北京市住建委召开"北京市2015年建设工程监理工作会议"。住建部市场监管司副司长刘晓艳，市住建委副主任王承军、质量处处长王鑫、质量处正处调于杨，市监理协会会长李伟、常务副会长张元勃，区县建委有关领导及全市202家会员单位共330余人参加会议。刘晓艳副司长、王承军副主任分别在会上作了重要讲话。

张元勃常务副会长作2014年度工作总结，从九个方面汇报了市监理协会一年来的主要工作，指出其中启动专业监理工程师培训和预拌混凝土驻厂监理工作是具有开拓性意义的。张元勃常务副会长强调在总结成绩的同时要看到不足，找出差距，找出问题所在，要反思、吸取教训，引以为戒。

李伟会长发布协会创新研究院2014年研究成果，结合2015年的创新工作及协会成立研究院的想法谈了几点意见。

张元勃常务副会长作大会总结时要求监理企业要认真落实住建部、住建委领导的讲话精神。

会上，市监理协会向参会人员发放了协会《2014年工作总结》画册、《协会创新研究院2014年研究成果汇编》资料和市住建委《北京市建设工程质量终身责任承诺制实施办法》、《2015年工程质量管理工作要点》等6份文件。

国内第一部《超长大体积混凝土结构跳仓法技术规程》地方标准通过评审

2015年3月4日，由北京市质量技术监督局、北京市住建委联合组织专家评审组，对北京市建工研究院会同相关勘察、设计、施工等单位编制的《超长大体积混凝土结构跳仓法技术规程》进行了评审。《规程》顺利通过评审，并得到与会专家的高度评价。

规程是国内第一部针对超长大体积混凝土结构采用跳仓法进行设计和施工的技术规定。其原理是在普通跳仓法基础上，用施工缝取代施工后浇带和永久性变形缝，能够有效减少地下室结构工程的混凝土开裂，提高其防水性能。规程对地下室结构工程的设计、混凝土原材料、配合比、施工养护等均给出了具体规定，具有良好的可操作性。

国内著名混凝土裂缝防治专家王铁梦教授，著名勘察设计专家袁炳麟教授和范重教授，北京市政府建筑顾问团首席专家杨嗣信教授以及多位施工、监理行业的专家参加了评审，一致认为该项地方标准在技术水平上处于国际领先地位，其推广实施将产生显著的社会经济效益。

北京市建设监理协会李伟会长担任该标准的主编。北京市建设监理协会常务副会长张元勃教授参加了评审。

北京铁城建设监理有限责任公司牵头主编的《规程》受到委托方通报表扬

2014年12月31日，青岛市市政工程管理处通报表扬了由北京铁城建设监理有限责任公司牵头主编的《青岛市城市轨道交通工程安全管理资料规程（施工单位篇）》。青岛市企业年终考核时给予五家参编单位加8分奖励。

北京铁城建设监理有限责任公司受青岛市技术监督局、青岛地铁集团公司委托，牵头组织中煤邯郸、山东明嘉、中铁二局、中铁隧道工程局编写《青岛市城市轨道交通工程安全管理资料规程（施工单位篇）》，统一规范城市轨道交通工程施工现场安全生产管理资料的管理，全面梳理国家、山东省、青岛市相关管理要求，落实施工单位在施工现场安全行为管理责任，规范管理档案归档标准，推动施工过程安全生产管理，提高施工现场管理水平。

五家参编公司高度重视规程的编制工作，参编人员热情饱满，态度严谨，作风踏实，共参照国家及地方法律法规和技术标准、规范性文件70余部，历经7个月，召开各种碰头会、修订会三十余次。经过专家组评审后，规程于2014年12月29日定稿发行，全书共分23个部分，涵盖城市轨道交通工程安全管理各个方面。规程下发后反响强烈。据有关专家介绍，目前国家及各省市均无城市轨道交通工程施工安全档案管理方面的专业标准。本规程的制定，填补了行业空白。

陕西省建设监理协会第三届四次会员代表大会在西安召开

2015年2月6日上午，陕西省建设监理协会第三届四次会员代表大会在西安止园饭店召开。陕西省住房和城乡建设厅建筑市场管理办公室主任茹广生、陕西省建设监理协会会长商科、秘书长贾安乐及各设区市建设局（建委）主管建设监理工作的负责人出席会议。各监理企业260多名代表参加会议。会议由陕西省建设监理协会副会长阎平主持。

会上，陕西省住房和城乡建设厅建筑市场管理办公室主任茹广生作了重要讲话。省监理协会会长商科传达了中国建设监理协会五届三次常务理事会议精神及监理行业改革动态，并对监理企业提出了新的要求。省监理协会副会长卢大翁向大会作了协会2014年工作总结，提出了2015年工作建议。

会议讨论了协会2015年的主要工作，通报表扬了中国建设监理协会"关于表扬2013—2014年度先进工程监理企业、优秀总监、优秀专业监理工程师及优秀工作者的决定"、"关于表扬工程质量安全管理优秀监理企业的决定"、"关于通报2012—2013年度鲁班奖工程项目监理企业及总监理工程师名单的决定"的陕西省获奖监理企业及个人。此外，会议还结合地方发展特点，广泛征询了有关陕西监理事业的改革建议。下午，会议组织参会代表赴西安长庆工程建设监理有限公司观摩数字化监理模式，对信息化在监理行业的应用进行学习和交流。

（肖力　王赛　提供）

武汉建设监理协会推行协会会长轮值制度

2014年11月12日，武汉建设监理协会根据中组发[2014]11号、鄂组通[2014]73号文件精神，立足"八个明确"，暨根据中央省市委组织部及各级民政部门关于清理规范退（离）休领导干部在社会团体兼任职务的规定，召开了四届五次会员大会，进行了协会领导班子的届中调整，经选举，大会选举出新任会长汪成庆同志。

在新常态、新机制下，协会更新思想观念，创新管理理念和行业发展模式，转变领导工作作风和行为方式，推出多项举措，增强了行业协会的凝聚力和向心力，推动了行业协会引领行业积极进取、行业转型升级、业界诚信自律等方面的建设，以和谐民主、务实高效、锐意进取的新领导团队形象展示在全行业面前。协会会长轮值制度作为举措之一，充分调动了在协会领导班子中的副会长、监事以及各常务理事的积极性，引导他们参与协会的具体工作中来，通过推行轮值制度，强化副会长、监事以及各常务理事的行业意识、参与意识、服务意识和主人翁意识，推进各项工作的顺利开展，助推行业可持续发展。

（陈凌云　提供）

规范建筑市场秩序　保障工程质量安全

　　2015年，建筑市场监管工作思路是：贯彻落实党的十八大和十八届三中、四中全会及全国住房城乡建设工作会议精神，以推进建筑业发展改革和提升建筑业企业竞争力为核心，以规范建筑市场秩序和保障工程质量安全为主线，继续推进工程质量治理两年行动，继续加强建筑市场监管，优化建筑市场环境，深化行政审批制度改革，促进建筑业企业转型升级。

深化改革，着力提升企业竞争力

　　筹备召开全国建筑业企业发展会议。加强建筑业企业发展状况调研，开展企业自身条件、外部政策和市场环境的调研，深入分析企业在质量安全管理、改企建制、市场融资、提升企业竞争力等方面存在的问题，研究制定促进建筑业企业体制机制改革的政策。总结评估"十二五"规划实施取得的效果，做好建筑业发展"十三五"规划的编制工作。

　　切实提高从业人员素质。引导建筑用工方式改革，加强劳务管理，全面推行劳务用工实名制，构建稳定的建筑产业骨干工人队伍，适时召开建筑劳务用工现场会。修改完善注册建造师考试大纲和继续教育管理暂行办法，提升注册建造师队伍素质和执业水平。创新并建立稳定的建筑工人培训体制机制，落实企业主体责任，提高建筑工人技能。

　　创新建筑设计市场管理机制。完善设计招投标制度，开展建筑设计招投标与决策机制的研究，修订《建筑工程设计招标投标管理办法》，创新多样化符合建筑设计特点的招标方式，规范设计招标的程序和决策机制。修订《注册建筑师条例实施细则》，进一步明确建筑师的执业范围和服务内容、责任、权利、义务，逐步确立建筑师在建筑工程中的核心地位，发挥建筑师对工程实施全过程的主导作用。编制勘察设计行业"十三五"发展规划。

加强督导，继续推进工程质量治理两年行动

　　严厉打击违法承发包行为。建立健全定期督察和通报制度，加强对各地工程质量治理两年行动落实情况的督察，督促各地严厉查处建筑施工违法发包、转包、违法分包和挂靠等违法行为。规范建设单位行为，制订《建设单位项目负责人质量安全责任八项规定》，落实建设单位责任。加大曝光宣传力度，以开展"工程质量治理两年行动万里行"活动为契机，宣传弘扬正面事例，曝光违法典型案例，加强社会和舆论监督。

　　加快推进建筑市场诚信体系基础数据库建设。继续推进全国建筑市场与诚信信息系统建设，组织开发省级建筑市场监管与诚信信息一体化平台系统通用版，出台《建筑市场诚信体系基础数据库建设验收标准》，督促各地加快建筑市场与诚信信息一体化平台建设，在全国范围内基本建立覆盖建设、勘察、设计、施工、监理等各方主体，以及工程建设各环节的监管信息系统。完善诚信信息上报工作制度，加大不良行为信息公开力度。

　　进一步发挥工程监理作用。开展试点工作，鼓励和支持有实力的监理企业做优做强。研究相关注册人员取得监理工程师注册资格的政策，充实监理工程师队伍。出台《建设工程项目总监理工程师质量安全责任六项规定》，督促监理工程师履行监理职责。研究起草《关于进一步推进监理行业改革发展的指导意见》，健全完善监理制度。开展强制监理范围研究，充分发挥监理作用，推动监理企业根据自身水平和建设单位需求提供全过程项目管理服务，促进政府购买第三方项目管理服务。

健全制度，继续加大建筑市场监管力度

　　推进建筑市场法规制度建设。修订出台建筑业、监理企业资质管理规定，规范企业资质管理。修订勘察设计注册工程师、注册建造师管理规定，一级建造师注册实施办法，加强注册执业资格管理。修订出台勘察、设计和施工专业分包、劳务分包等合同示范文本，完善合同管理制度。研究制订《关于进一步推进工程总承包发展的意见》，健全工程总承包管理制度。

优化建筑市场环境。规范建筑企业跨省承揽业务监督管理工作，研究出台相关办法，建立约谈问责机制，消除市场壁垒，推进建筑市场实现更高水平的统一开放。加强房屋市政工程招投标监管，重点研究"评定分离"、"标后评估"等招投标改革举措，推进房屋和市政基础设施招投标制度改革。加快推进电子招投标系统建设，研究制订招标代理机构资格审批制度改革后的监管措施。

强化建筑市场动态监管。加强对资质资格的动态监管，严肃查处企业资质和个人注册资格申报弄虚作假行为。充分利用全国建筑市场监管信息系统，依法清理不符合资质资格条件、发生违法违规行为和质量安全事故的企业和个人，强化清出管理。进一步整顿和规范建筑市场，严厉查处建设等五方责任主体及注册执业人员的违法违规行为，并在全国建筑市场监管与诚信信息平台上向社会公布。

精简效能，深入推进行政审批制度改革

简化资质审批内容。出台《建筑业企业资质管理规定与资质标准实施意见》，简政放权，规范程序。修订设计、监理资质标准，减少资质类别设置，简化考核条件，减少申报材料，减轻企业负担。

创新资质审批方式。继续开发建设工程企业资质管理系统，推进建设工程企业资质基本实现"网上审批"。完善专家管理制度，研究制订企业资质专家异地评审管理流程和监管办法，开展专家异地评审试点。优化审批程序，增加审批频次，强化计算机辅助审查，提高审批效率。

加大信息公开力度。更新、改进"建设工程企业资质行政审批专栏"内容，修订完善评审专家资质审查要点，进一步公开审批事项的办理依据、条件、程序和审查标准。加大投诉举报信息的公开力度，完善审批结论告知环节，推进公开、透明。

国务院再取消和调整90项行政审批项目

国务院近日印发《国务院关于取消和调整一批行政审批项目等事项的决定》（国发〔2015〕11号），取消和下放90项行政审批项目，取消67项职业资格许可和认定事项，取消10项评比达标表彰项目，将21项工商登记前置审批事项改为后置审批，保留34项工商登记前置审批事项。同时，建议取消和下放18项依据有关法律设立的行政审批和职业资格许可认定事项，将5项依据有关法律设立的工商登记前置审批事项改为后置审批，国务院将依照法定程序提请全国人民代表大会常务委员会修订相关法律规定。

在本次公布的国务院决定取消和下放管理层级的行政审批项目目录中，涉及监理工作的共有2项，包括水运工程监理甲级企业资质认定、设备监理单位甲级资格证书核发。

此外，在取消的职业资格许可和认定事项中

涉及监理工作的还包括冶金监理工程师、装饰（住宅）监理（师）、木地板工程监理师、室内装饰监理师等4项。

通知还明确，《国务院关于取消和下放一批行政审批项目的决定》（国发〔2014〕5号）中提出的涉及修改法律的行政审批事项，有4项国务院已按照法定程序提请全国人民代表大会常务委员会修改了相关法律，此次一并予以公布。

国务院同时要求各地区、各部门继续坚定不移推进行政审批制度改革，加大简政放权力度，健全监督制约机制，加强对行政审批权运行的监督，不断提高政府管理科学化规范化水平。要认真落实工商登记改革成果，除法律另有规定和国务院决定保留的工商登记前置审批事项外，其他事项一律不得作为工商登记前置审批。企业设立后进行变更登记、注销登记，依法需要前置审批的，继续按有关规定执行。

住房城乡建设部出台四个规定 完善五方主体项目负责人制度

住房城乡建设部近日出台了《建设单位项目负责人质量安全责任八项规定（试行）》等四个规定（建市[2015]35号），要求建设、勘察、设计、监理等单位法定代表人，在建筑工程开工建设前，签署授权书，明确本单位项目负责人。同时，四个规定明确了各单位项目负责人应当承担的质量安全责任及相应的行政处罚。

《建设单位项目负责人质量安全责任八项规定（试行）》明确了建设单位项目负责人需承担八个方面的质量安全责任，包括：禁止违法发包、降低工程质量，禁止恶意压价、任意压缩工期及拖欠工程款，保障安全生产及工伤权益，严格执行项目建设程序和加大处罚力度等。

《建筑工程勘察单位项目负责人质量安全责任七项规定（试行）》明确了建筑工程勘察单位项目负责人的任职资格要求以及七项质量安全责任，包括：根据有关法律法规和工程建设强制性标准组织开展勘察工作，负责勘察现场作业安全，对原始记录、测试报告、土工试验成果等各项作业资料验收签字，对勘察成果的真实性和准确性负责，对勘察后期服务和资料归档工作负责等。

《建筑工程设计单位项目负责人质量安全责任七项规定（试行）》明确了建筑工程设计单位项目负责人任职资格要求以及七项质量安全责任，包括根据有关法律法规和工程建设强制性标准组织开展设计工作，协调各专业之间及与外部各单位之间的技术接口工作；要求设计人员考虑施工安全操作和防护的需要；核验技术人员在相关设计文件上的签字，并对各专业设计文件验收签字；根据设计合同中约定的责任、权利、费用和时限，组织开展后期服务工作等。

《建筑工程项目总监理工程师质量安全责任六项规定（试行）》明确了建筑工程项目总监理工程师应当严格执行六项规定并承担相应责任，包括：组织审查施工单位提交的施工组织设计中的安全技术措施或者专项施工方案；组织审查施工单位报审的分包单位资格，发现施工单位存在转包和违法分包的，及时向建设单位和有关主管部门报告；发现施工单位违反相关规定或者发生质量事故的，及时签发工程暂停令；发现工程项目存在安全事故隐患的，且在施工单位拒不整改或不停止施工的情况下，应报告主管部门等。

此外，上述各方主体项目负责人的质量安全责任并不免除建设、勘察、设计、监理等单位和其他人员的法定工程质量安全责任。

据介绍，此次出台的四个规定，是继《建筑施工项目经理质量安全责任十项规定（试行）》出台之后，对建筑工程五方责任主体项目负责人质量终身责任追究制度的进一步完善，同时也是深入推进工程质量治理两年行动的重要举措，其目的是加强工程质量安全管理，切实落实建筑工程各方主体项目负责人质量安全责任。四个规定为将工程质量安全责任落实到人、进一步强化质量安全责任追究提供了制度保障。

（摘自《中国建设报》 曹莉）

全国人民代表大会关于修改
《中华人民共和国立法法》的决定

中华人民共和国主席令

第二十号

《全国人民代表大会关于修改〈中华人民共和国立法法〉的决定》已由中华人民共和国第十二届全国人民代表大会第三次会议于2015年3月15日通过，现予公布，自公布之日起施行。

中华人民共和国主席习近平

2015年3月15日

全国人民代表大会关于修改《中华人民共和国立法法》的决定

（2015年3月15日第十二届全国人民代表大会第三次会议通过）

第十二届全国人民代表大会第三次会议决定对《中华人民共和国立法法》作如下修改：

一、将第一条修改为："为了规范立法活动，健全国家立法制度，提高立法质量，完善中国特色社会主义法律体系，发挥立法的引领和推动作用，保障和发展社会主义民主，全面推进依法治国，建设社会主义法治国家，根据宪法，制定本法。"

二、将第五条修改为："立法应当体现人民的意志，发扬社会主义民主，坚持立法公开，保障人民通过多种途径参与立法活动。"

三、将第六条修改为："立法应当从实际出发，适应经济社会发展和全面深化改革的要求，科学合理地规定公民、法人和其他组织的权利与义务、国家机关的权力与责任。"

"法律规范应当明确、具体，具有针对性和可执行性。"

四、第八条增加一项，作为第六项："（六）税种的设立、税率的确定和税收征收管理等税收基本制度"。

第六项改为第七项，修改为："（七）对非国有财产的征收、征用"。

第八项改为第九项，修改为："（九）基本经济制度以及财政、海关、金融和外贸的基本制度"。

五、将第十条改为两条，作为第十条、第十二条，修改为：

"第十条授权决定应当明确授权的目的、事项、范围、期限以及被授权机关实施授权决定应当遵循的原则等。"

"授权的期限不得超过五年，但是授权决定另有规定的除外。"

"被授权机关应当在授权期限届满的六个月以前，向授权机关报告授权决定实施的情况，并提出是否需要制定有关法律的意见；需要继续授权的，可以提出相关意见，由全国人民代表大会及其常务委员会决定。"

"第十二条被授权机关应当严格按照授权决定行使被授予的权力。"

"被授权机关不得将被授予的权力转授给其他机关。"

六、增加一条，作为第十三条："全国人民代表大会及其常务委员会可以根据改革发展的需要，决定就行政管理等领域的特定事项授权在一定期限内在部分地方暂时调整或者暂时停止适用法律的部分规定。"

七、将第十四条改为第十六条，增加一款，作为第二款："常务委员会依照前款规定审议法律案，应当通过多种形式征求全国人民代表大会代表的意见，并将有关情况予以反馈；专门委员会和常务委员会工作机构进行立法调研，可以邀请有关的全国人民代表大会代表参加。"

八、将第二十六条改为第二十八条，增加一款，作为第二款："常务委员会会议审议法律案时，应当邀请有关的全国人民代表大会代表列席会议。"

九、将第二十八条改为第三十条，修改为："列入常务委员会会议议程的法律案，各方面意见比较一致的，可以经两次常务委员会会议审议后交付表决；调整事项较为单一或者部分修改的法律案，各方面的意见比较一致的，也可以经一次常务委员会会议审议即交付表决。"

十、将第三十一条改为第三十三条，修改为："列入常务委员会会议议程的法律案，由法律委员会根据常务委员会组成人员、有关的专门委员会的审议意见和各方面提出的意见，对法律案进行统一审议，提出修改情况的汇报或者审议结果报告和法律草案修改稿，对重要的不同意见应当在汇报或者审议结果报告中予以说明。对有关的专门委员会的审议意见没有采纳的，应当向有关的专门委员会反馈。"

"法律委员会审议法律案时，应当邀请有关的专门委员会的成员列席会议，发表意见。"

十一、将第三十四条改为第三十六条，增加两款，作为第二款、第三款："法律案有关问题专业性较强，需要进行可行性评价的，应当召开论证会，听取有关专家、部门和全国人民代表大会代表等方面的意见。论证情况应当向常务委员会报告。"

"法律案有关问题存在重大意见分歧或者涉及利益关系重大调整，需要进行听证的，应当召开听证会，听取有关基层和群体代表、部门、人民团体、专家、全国人民代表大会代表和社会有关方面的意见。听证情况应当向常务委员会报告。"

第二款改为第四款，修改为："常务委员会工作机构应当将法律草案发送相关领域的全国人民代表大会代表、地方人民代表大会常务委员会以及有关部门、组织和专家征求意见。"

十二、将第三十五条改为第三十七条，修改为："列入常务委员会会议议程的法律案，应当在常务委员会会议后将法律草案及其起草、修改的说明等向社会公布，征求意见，但是经委员长会议决定不公布的除外。向社会公布征求意见的时间一般不少于三十日。征求意见的情况应当向社会通报。"

十三、增加一条，作为第三十九条："拟提请常务委员会会议审议通过的法律案，在法律委员会提出审议结果报告前，常务委员会工作机构可以对法律草案中主要制度规范的可行性、法律出台时机、法律实

施的社会效果和可能出现的问题等进行评估。评估情况由法律委员会在审议结果报告中予以说明。"

十四、删除第三十八条。

十五、将第四十条改为第四十一条，增加两款，作为第二款、第三款："法律草案表决稿交付常务委员会会议表决前，委员长会议根据常务委员会会议审议的情况，可以决定将个别意见分歧较大的重要条款提请常务委员会会议单独表决。"

"单独表决的条款经常务委员会会议表决后，委员长会议根据单独表决的情况，可以决定将法律草案表决稿交付表决，也可以决定暂不付表决，交法律委员会和有关的专门委员会进一步审议。"

十六、增加一条，作为第四十三条："对多部法律中涉及同类事项的个别条款进行修改，一并提出法律案的，经委员长会议决定，可以合并表决，也可以分别表决。"

十七、增加一条，作为第五十一条："全国人民代表大会及其常务委员会加强对立法工作的组织协调，发挥在立法工作中的主导作用。"

十八、增加一条，作为第五十二条："全国人民代表大会常务委员会通过立法规划、年度立法计划等形式，加强对立法工作的统筹安排。编制立法规划和年度立法计划，应当认真研究代表议案和建议，广泛征集意见，科学论证评估，根据经济社会发展和民主法治建设的需要，确定立法项目，提高立法的及时性、针对性和系统性。立法规划和年度立法计划由委员长会议通过并向社会公布。"

"全国人民代表大会常务委员会工作机构负责编制立法规划和拟订年度立法计划，并按照全国人民代表大会常务委员会的要求，督促立法规划和年度立法计划的落实。"

十九、增加一条，作为第五十三条："全国人民代表大会有关的专门委员会、常务委员会工作机构应当提前参与有关方面的法律草案起草工作；综合性、全局性、基础性的重要法律草案，可以由有关的专门委员会或者常务委员会工作机构组织起草。"

"专业性较强的法律草案，可以吸收相关领域的专家参与起草工作，或者委托有关专家、教学科研单位、社会组织起草。"

二十、将第四十八条改为第五十四条，修改为："提出法律案，应当同时提出法律草案文本及其说

明，并提供必要的参阅资料。修改法律的，还应当提交修改前后的对照文本。法律草案的说明应当包括制定或者修改法律的必要性、可行性和主要内容，以及起草过程中对重大分歧意见的协调处理情况。"

二十一、将第五十二条改为第五十八条，第二款修改为："法律签署公布后，及时在全国人民代表大会常务委员会公报和中国人大网以及在全国范围内发行的报纸上刊载。"

二十二、将第五十三条改为第五十九条，第二款改为两款，作为第二款、第三款，修改为："法律被修改的，应当公布新的法律文本。"

"法律被废止的，除由其他法律规定废止该法律的以外，由国家主席签署主席令予以公布。"

二十三、增加一条，作为第六十条："法律草案与其他法律相关规定不一致的，提案人应当予以说明并提出处理意见，必要时应当同时提出修改或者废止其他法律相关规定的议案。"

"法律委员会和有关的专门委员会审议法律案时，认为需要修改或者废止其他法律相关规定的，应当提出处理意见。"

二十四、将第五十四条改为第六十一条，第三款修改为："法律标题的题注应当载明制定机关、通过日期。经过修改的法律，应当依次载明修改机关、修改日期。"

二十五、增加一条，作为第六十二条："法律规定明确要求有关国家机关对专门事项作出配套的具体规定的，有关国家机关应当自法律施行之日起一年内作出规定，法律对配套的具体规定制定期限另有规定的，从其规定。有关国家机关未能在期限内作出配套的具体规定的，应当向全国人民代表大会常务委员会说明情况。"

二十六、增加一条，作为第六十三条："全国人民代表大会有关的专门委员会、常务委员会工作机构可以组织对有关法律或者法律中有关规定进行立法后评估。评估情况应当向常务委员会报告。"

二十七、将第五十七条改为第六十六条，修改为："国务院法制机构应当根据国家总体工作部署拟订国务院年度立法计划，报国务院审批。国务院年度立法计划中的法律项目应当与全国人民代表大会常务委员会的立法规划和年度立法计划相衔接。国务院法制机构应当及时跟踪了解国务院各部门落实立法计划的情况，加强组织协调和督促指导。"

"国务院有关部门认为需要制定行政法规的，应当向国务院报请立项。"

二十八、将第五十八条改为第六十七条，修改为："行政法规由国务院有关部门或者国务院法制机构具体负责起草，重要行政管理的法律、行政法规草案由国务院法制机构组织起草。行政法规在起草过程中，应当广泛听取有关机关、组织、人民代表大会代表和社会公众的意见。听取意见可以采取座谈会、论证会、听证会等多种形式。"

"行政法规草案应当向社会公布，征求意见，但是经国务院决定不公布的除外。"

二十九、将第六十一条改为第七十条，增加一款，作为第二款："有关国防建设的行政法规，可以由国务院总理、中央军事委员会主席共同签署国务院、中央军事委员会令公布。"

三十、将第六十二条改为第七十一条，第一款修改为："行政法规签署公布后，及时在国务院公报和中国政府法制信息网以及在全国范围内发行的报纸上刊载。"

三十一、将第六十三条改为第七十二条，第二款修改为："设区的市的人民代表大会及其常务委员会根据本市的具体情况和实际需要，在不同宪法、法律、行政法规和本省、自治区的地方性法规相抵触的前提下，可以对城乡建设与管理、环境保护、历史文化保护等方面的事项制定地方性法规，法律对设区的市制定地方性法规的事项另有规定的，从其规定。设区的市的地方性法规须报省、自治区的人民代表大会常务委员会批准后施行。省、自治区的人民代表大会常务委员会对报请批准的地方性法规，应当对其合法性进行审查，同宪法、法律、行政法规和本省、自治区的地方性法规不抵触的，应当在四个月内予以批准。"

第三款修改为："省、自治区的人民代表大会常务委员会在对报请批准的设区的市的地方性法规进行审查时，发现其同本省、自治区的人民政府的规章相抵触的，应当作出处理决定。"

删除第四款。

增加三款，作为第四款、第五款、第六款："除省、自治区的人民政府所在地的市，经济特区所在地的市和国务院已经批准的较大的市以外，其他设区的市开始制定地方性法规的具体步骤和时间，由省、自治区的人民代表大会常务委员会综合考虑本省、自治区所辖的设区的市的人口数量、地域面积、经济社会发展情况以及立法需求、立法能力等因素确定，并报全国人民代表大会常务委员会和国务院备案。"

"自治州的人民代表大会及其常务委员会可以依照本条第二款规定行使设区的市制定地方性法规的职权。自治州开始制定地方性法规的具体步骤和时间，依照前款规定确定。"

"省、自治区的人民政府所在地的市，经济特区所在地的市和国务院已经批准的较大的市已经制定的地方性法规，涉及本条第二款规定事项范围以外的，继续有效。"

三十二、将第六十四条改为第七十三条，第二款修改为："除本法第八条规定的事项外，其他事项国家尚未制定法律或者行政法规的，省、自治区、直辖市和设区的市、自治州根据本地方的具体情况和实际需要，可以先制定地方性法规。在国家制定的法律或者行政法规生效后，地方性法规同法律或者行政法规相抵触的规定无效，制定机关应当及时予以修改或者废止。"

增加两款，作为第三款、第四款："设区的市、自治州根据本条第一款、第二款制定地方性法规，限于本法第七十二条第二款规定的事项。"

"制定地方性法规，对上位法已经明确规定的内容，一般不作重复性规定。"

三十三、将第六十九条改为第七十八条，第三款修改为："设区的市、自治州的人民代表大会及其常务委员会制定的地方性法规报经批准后，由设区的市、自治州的人民代表大会常务委员会发布公告予以公布。"

三十四、将第七十条改为第七十九条，第一款修改为："地方性法规、自治区的自治条例和单行条例公布后，及时在本级人民代表大会常务委员会公报和中国人大网、本地方人民代表大会网站以及在本行政区域范围内发行的报纸上刊载。"

三十五、将第七十一条改为第八十条，第二款修改为："部门规章规定的事项应当属于执行法律或者国务院的行政法规、决定、命令的事项。没有法律或者国务院的行政法规、决定、命令的依据，部门规章不得设定减损公民、法人和其他组织权利

或者增加其义务的规范，不得增加本部门的权力或者减少本部门的法定职责。"

三十六、将第七十三条改为第八十二条，第一款修改为："省、自治区、直辖市和设区的市、自治州的人民政府，可以根据法律、行政法规和本省、自治区、直辖市的地方性法规，制定规章。"

增加四款，作为第三款、第四款、第五款、第六款："设区的市、自治州的人民政府根据本条第一款、第二款制定地方政府规章，限于城乡建设与管理、环境保护、历史文化保护等方面的事项。已经制定的地方政府规章，涉及上述事项范围以外的，继续有效。"

"除省、自治区的人民政府所在地的市，经济特区所在地的市和国务院已经批准的较大的市以外，其他设区的市、自治州的人民政府开始制定规章的时间，与本省、自治区人民代表大会常务委员会确定的本市、自治州开始制定地方性法规的时间同步。"

"应当制定地方性法规但条件尚不成熟的，因行政管理迫切需要，可以先制定地方政府规章。规章实施满两年需要继续实施规章所规定的行政措施的，应当提请本级人民代表大会或者其常务委员会制定地方性法规。"

"没有法律、行政法规、地方性法规的依据，地方政府规章不得设定减损公民、法人和其他组织权利或者增加其义务的规范。"

三十七、将第七十六条改为第八十五条，第二款修改为："地方政府规章由省长、自治区主席、市长或者自治州州长签署命令予以公布。"

三十八、将第七十七条改为第八十六条，第一款修改为："部门规章签署公布后，及时在国务院公报或者部门公报和中国政府法制信息网以及在全国范围内发行的报纸上刊载。"

第二款修改为："地方政府规章签署公布后，及时在本级人民政府公报和中国政府法制信息网以及在本行政区域范围内发行的报纸上刊载。"

三十九、将第五章的章名修改为"适用与备案审查"。

四十、将第八十条改为第八十九条，第二款修改为："省、自治区的人民政府制定的规章的效力高于本行政区域内的设区的市、自治州的人民政府

制定的规章。"

四十一、将第八十九条改为第九十八条，第二项修改为："（二）省、自治区、直辖市的人民代表大会及其常务委员会制定的地方性法规，报全国人民代表大会常务委员会和国务院备案；设区的市、自治州的人民代表大会及其常务委员会制定的地方性法规，由省、自治区的人民代表大会常务委员会报全国人民代表大会常务委员会和国务院备案"。

第三项修改为："（三）自治州、自治县的人民代表大会制定的自治条例和单行条例，由省、自治区、直辖市的人民代表大会常务委员会报全国人民代表大会常务委员会和国务院备案；自治条例、单行条例报送备案时，应当说明对法律、行政法规、地方性法规作出变通的情况"。

第四项修改为："（四）部门规章和地方政府规章报国务院备案；地方政府规章应当同时报本级人民代表大会常务委员会备案；设区的市、自治州的人民政府制定的规章应当同时报省、自治区的人民代表大会常务委员会和人民政府备案"。

第五项修改为："（五）根据授权制定的法规应当报授权决定规定的机关备案；经济特区法规报送备案时，应当说明对法律、行政法规、地方性法规作出变通的情况"。

四十二、将第九十条改为第九十九条，增加一款，作为第三款："有关的专门委员会和常务委员会工作机构可以对报送备案的规范性文件进行主动审查。"

四十三、将第九十一条改为第一百条，第一款修改为："全国人民代表大会专门委员会、常务委员会工作机构在审查、研究中认为行政法规、地方性法规、自治条例和单行条例同宪法或者法律相抵触的，可以向制定机关提出书面审查意见、研究意见；也可以由法律委员会与有关的专门委员会、常务委员会工作机构召开联合审查会议，要求制定机关到会说明情况，再向制定机关提出书面审查意见。制定机关应当在两个月内研究提出是否修改的意见，并向全国人民代表大会法律委员会和有关的专门委员会或者常务委员会工作机构反馈。"

增加一款，作为第二款："全国人民代表大会法律委员会、有关的专门委员会、常务委员会工作机构根据前款规定，向制定机关提出审查意见、研究意见，制定机关按照所提意见对行政法规、地方性法规、自治条例和单行条例进行修改或者废止的，审查终止。"

第二款改为第三款，修改为："全国人民代表大会法律委员会、有关的专门委员会、常务委员会工作机构经审查、研究认为行政法规、地方性法规、自治条例和单行条例同宪法或者法律相抵触而制定机关不予修改的，应当向委员长会议提出予以撤销的议案、建议，由委员长会议决定提请常务委员会会议审议决定。"

四十四、增加一条，作为第一百零一条："全国人民代表大会有关的专门委员会和常务委员会工作机构应当按照规定要求，将审查、研究情况向提出审查建议的国家机关、社会团体、企业事业组织以及公民反馈，并可以向社会公开。"

四十五、将第九十三条改为第一百零三条，第二款修改为："中央军事委员会各总部、军兵种、军区、中国人民武装警察部队，可以根据法律和中央军事委员会的军事法规、决定、命令，在其权限范围内，制定军事规章。"

四十六、增加一条，作为第一百零四条："最高人民法院、最高人民检察院作出的属于审判、检察工作中具体应用法律的解释，应当主要针对具体的法律条文，并符合立法的目的、原则和原意。遇有本法第四十五条第二款规定情况的，应当向全国人民代表大会常务委员会提出法律解释的要求或者提出制定、修改有关法律的议案。"

"最高人民法院、最高人民检察院作出的属于审判、检察工作中具体应用法律的解释，应当自公布之日起三十日内报全国人民代表大会常务委员会备案。"

"最高人民法院、最高人民检察院以外的审判机关和检察机关，不得作出具体应用法律的解释。"

广东省东莞市和中山市、甘肃省嘉峪关市、海南省三沙市，比照适用本决定有关赋予设区的市地方立法权的规定。

本决定自公布之日起施行。

《中华人民共和国立法法》根据本决定作相应修改，重新公布。

国家发展改革委关于进一步放开建设项目专业服务价格的通知

发改价格〔2015〕299号

国务院有关部门、直属机构，各省、自治区、直辖市发展改革委、物价局：

为贯彻落实党的十八届三中全会精神，按照国务院部署，充分发挥市场在资源配置中的决定性作用，决定进一步放开建设项目专业服务价格。现将有关事项通知如下：

一、在已放开非政府投资及非政府委托的建设项目专业服务价格的基础上，全面放开以下实行政府指导价管理的建设项目专业服务价格，实行市场调节价。

（一）建设项目前期工作咨询费，指工程咨询机构接受委托，提供建设项目专题研究、编制和评估项目建议书或者可行性研究报告，以及其他与建设项目前期工作有关的咨询等服务收取的费用。

（二）工程勘察设计费，包括工程勘察收费和工程设计收费。工程勘察收费，指工程勘察机构接受委托，提供收集已有资料、现场踏勘、制定勘察纲要，进行测绘、勘探、取样、试验、测试、检测、监测等勘察作业，以及编制工程勘察文件和岩土工程设计文件等服务收取的费用；工程设计收费，指工程设计机构接受委托，提供编制建设项目初步设计文件、施工图设计文件、非标准设备设计文件、施工图预算文件、竣工图文件等服务收取的费用。

（三）招标代理费，指招标代理机构接受委托，提供代理工程、货物、服务招标，编制招标文件、审查投标人资格，组织投标人踏勘现场并答疑、组织开标、评标、定标，以及提供招标前期咨询、协调合同的签订等服务收取的费用。

（四）工程监理费，指工程监理机构接受委托，提供建设工程施工阶段的质量、进度、费用控制管理和安全生产监督管理、合同、信息等方面协调管理等服务收取的费用。

（五）环境影响咨询费，指环境影响咨询机构接受委托，提供编制环境影响报告书、环境影响报告表和对环境影响报告书、环境影响报告表进行技术评估等服务收取的费用。

二、上述5项服务价格实行市场调节价后，经营者应严格遵守《价格法》、《关于商品和服务实行明码标价的规定》等法律法规规定，告知委托人有关服务项目、服务内容、服务质量，以及服务价格等，并在相关服务合同中约定。经营者提供的服务，应当符合国家和行业有关标准规范，满足合同约定的服务内容和质量等要求。不得违反标准规范规定或合同约定，通过降低服务质量、减少服务内容等手段进行恶性竞争，扰乱正常市场秩序。

三、各有关行业主管部门要加强对本行业相关经营主体服务行为监管。要建立健全服务标准规范，进一步完善行业准入和退出机制，为市场主体创造公开、公平的市场竞争环境，引导行业健康发展；要制定市场主体和从业人员信用评价标准，推进工程建设服务市场信用体系建设，加大对有重大失信行为的企业及负有责任的从业人员的惩戒力度。充分发挥行业协会服务企业和行业自律作用，加强对本行业经营者的培训和指导。

四、政府有关部门对建设项目实施审批、核准或备案管理，需委托专业服务机构等中介提供评估评审等服务的，有关评估评审费用等由委托评估评审的项目审批、核准或备案机关承担，评估评审机构不得向项目单位收取费用。

五、各级价格主管部门要加强对建设项目服务市场价格行为监管，依法查处各种截留定价权，利用行政权力指定服务、转嫁成本，以及串通涨价、价格欺诈等行为，维护正常的市场秩序，保障市场主体合法权益。

六、本通知自2015年3月1日起执行。此前与本通知不符的有关规定，同时废止。

国家发展改革委
2015年2月11日

中华人民共和国政府采购法实施条例公布

2014年12月31日，国务院总理李克强主持召开国务院第75次常务会议，审议通过《中华人民共和国政府采购法实施条例（草案）》，2015年1月30日中华人民共和国国务院令第658号公布《中华人民共和国政府采购法实施条例》。该《条例》分总则、政府采购当事人、政府采购方式、政府采购程序、政府采购合同、质疑与投诉、监督检查、法律责任、附则9章79条，自2015年3月1日起施行。

其中明确涉及监理的有以下两条：

第七条　政府采购工程以及与工程建设有关的货物、服务，采用招标方式采购的，适用《中华人民共和国招标投标法》及其实施条例；采用其他方式采购的，适用政府采购法及本条例。

前款所称工程，是指建设工程，包括建筑物和构筑物的新建、改建、扩建及其相关的装修、拆除、修缮等；所称与工程建设有关的货物，是指构成工程不可分割的组成部分，且为实现工程基本功能所必需的设备、材料等；所称与工程建设有关的服务，是指为完成工程所需的勘察、设计、监理等服务。

政府采购工程以及与工程建设有关的货物、服务，应当执行政府采购政策。

第十八条　单位负责人为同一人或者存在直接控股、管理关系的不同供应商，不得参加同一合同项下的政府采购活动。

除单一来源采购项目外，为采购项目提供整体设计、规范编制或者项目管理、监理、检测等服务的供应商，不得再参加该采购项目的其他采购活动。

住房城乡建设部关于批准《预制混凝土剪力墙外墙板》等9项国家建筑标准设计的通知

建质函〔2015〕47号

各省、自治区住房城乡建设厅，直辖市建委（规委）及有关部门，新疆生产建设兵团建设局，总后基建营房部工程局，国务院有关部门建设司：

经审查，批准由中国建筑标准设计研究院有限公司等11个单位编制的《预制混凝土剪力墙外墙板》等9项标准设计为国家建筑标准设计，自2015年3月1日起实施。

附件：建筑产业现代化国家建筑标准设计名称及编号表

中华人民共和国住房和城乡建设部

2015年2月15日

附件

建筑产业现代化国家建筑标准设计名称及编号表

序号	编号GJBT-	标准设计号	标准设计名称	备注
1	1322	15G365-1	预制混凝土剪力墙外墙板	新编
2	1323	15G365-2	预制混凝土剪力墙内墙板	新编
3	1324	15G366-1	桁架钢筋混凝土叠合板（60mm厚底板）	新编
4	1325	15G367-1	预制钢筋混凝土板式楼梯	新编
5	1326	15G368-1	预制钢筋混凝土阳台板、空调板及女儿墙	新编
6	1327	15J939-1	装配式混凝土结构住宅建筑设计示例（剪力墙结构）	新编
7	1328	15G107-1	装配式混凝土结构表示方法及示例（剪力墙结构）	新编
8	1329	15G310-1	装配式混凝土结构连接节点构造（楼盖结构和楼梯）	新编
9	1330	15G310-2	装配式混凝土结构连接节点构造（剪力墙结构）	新编

聚焦"2015全国监理协会秘书长工作会议"

　　2015年3月18日，中国建设监理协会在北京召开2015年全国监理协会秘书长工作会议，各省、自治区、直辖市建设监理协会，有关行业建设监理协会（分会、专业委员会），中国建设监理协会各专业分会秘书长等105人参加了会议。会议邀请住房城乡建设部建筑市场监管司杨国强同志到会并通报了今年对加强监理行业规范管理、进一步发挥监理作用要做的主要工作，同时对协会工作提出了要求。中国建设监理协会王学军副会长提出了五点希望，要求各地方协会和专业委员会、分会，结合本地区、本行业实际，认真落实本次会议精神，增强对保障工程质量重要性的认识，正确认识市场经济发展规律，加强行业诚信建设，加大对监理行业的宣传力度。会上，温健副秘书长部署了中国建设监理协会2015年工作要点，北京市、山西省、湖南省、江苏省代表就如何做好协会工作分别进行了经验交流，会议由吴江副秘书长主持。会议同时对注册监理工程师继续教育工作进行了部署安排。

在全国监理协会秘书长工作会议上的总结讲话

中国建设监理协会副会长　王学军

同志们，首先，我谨代表郭允冲会长、修璐副会长兼秘书长对大家给予中国建设监理协会工作的支持表示感谢。部市场监管司杨国强同志通报了今年对加强监理行业规范管理、进一步发挥监理作用要做的主要工作，并对协会工作提出了要求。温健代秘书长就2015年协会工作，从落实工程质量治理行动部署、配合政府主管部门完善监理制度、推动行业自律建设、改进监理工程师注册和考试及继续教育工作、发挥专家委员会作用、加大对监理行业宣传引导工作等六个方面作出了具体安排。北京市建设监理协会介绍了成立创新研究院，通过研究行业发展，发挥协会作用，开展并完善预拌混凝土监理工作，把监理行业专家优势与政府主管部门执法优势相结合组织进行项目检查，促进监理队伍整体水平提高等做法。山西省建设监理协会介绍了坚持以"强烈的服务意识、过硬的服务本领、良好的服务效果"为宗旨，开展行业分析，服务政府决策，组织"监理规范"竞赛，奖励优秀企业，赠送刊物，促进企业整体素质提高等做法。湖南省建设监

中国建设监理协会副会长王学军作总结发言

理协会介绍了坚持独立开展工作，在提高行业业务素质和加强行业自律监管，推进项目管理与工程监理一体化服务和开展行业成本价年度统计等做法。江苏省建设监理协会坚持以"提供服务、反映诉求、协调关系"为宗旨，介绍了协会在服务企业做优做强，推进工程项目管理，帮助企业开展轨道交通监理业务，制订工程监理质量规范，为监理工程师继续教育送考上门，探索监理责任保险等做法。他们的工作各有所长，均取得了较好的效果，希望大家借鉴。同时，对于他们提出的一些工作建议，我们也将认真研究。

下面我提五点希望：

一、各地方协会和专业委员会、分会，要结合本地区、本行业实际，认真落实本次会议精神。完成好协会今年工作计划，学习借鉴四省市协会工作经验，努力做好服务、引导、管理、自身建设方面的工作。服务，就是要及时向政府主管部门反映会员和监理行业的诉求；为会员提供高效的政策和法律咨询；为政府制订行业政策提供可靠的依据；维护会员和监理人员合法权益；真正发挥协会在政府和企业间桥梁和纽带作用。引导，就是深入了解监理行业情况，发现并提出解决问题的办法；引导企业加强内部管理和企业文化建设，提高科技监理水平和服务质量，走多元化、差异化和诚信经营道路；为会员创造工作信息交流机会，组织经验交流，推广企业管理经验和监理科技化成果。管理，就是做好规范会员行为、健全行业自律管理相关工作。引导会员守法经营、诚信服务，维护良好的市场秩序。完成好政府委托的监理人员资格管理和注册监理工程师继续教育工作；配合人事部门做好监理人员资格考试工作；配合建设主管部门做好监理行业标准规范和管理制度修订和完善工作。

自身建设，坚持廉洁从业、服务至上的思想。要严格执行会议、议事制度，落实人、财、物管理制度，强化会员管理和培训制度。用制度管人、管事，防止不廉洁行为发生。

二、增强对保障工程质量重要性的认识。工程质量关系到国家和人民的生命财产安全，"百年大计、质量第一"就是这个道理。监理是受建设单位委托，依据法规、工程建设标准、勘察设计文件及合同约定，在施工阶段对建设工程质量、造价、进度进行控制，对合同、信息进行管理，对工程建设相关方的关系进行协调，并履行建设工程安全生产管理的法定职责的服务活动。因此，控制质量是监理的一项重要职责。认识提高了，落实"工程质量治理两年行动"总体部署的行动就自觉了，政府制定的项目总监质量安全责任六项规定就能够认真去贯彻落实。李克强总理在政府报告中指出，今年基础设施建设中央增加投资4776亿元，但政府不唱"独角戏"，要更大激发民间投资活力，引导社会资本投向更多领域。铁路投资要保持在8000亿元以上，新投产里程8000公里以上。今年再开工27个重大水利工程项目，在建重大水利工程投资规模超过8000亿元，重点向中西部地区倾斜，释放巨大的内需。新建改建农村公路20万公里，再解决6000万农村人口饮水安全问题。保障性安居工程新安排740万套，农村危房改造366万户。今年国家投资基础建设资金量大，相应的项目也多，监理的任务很重。我们要引导监理企业，积极参加工程质量治理行动，认真履行监理在工程项目建设中的"三控两管一协调"和法定的安全职责，多出让业主、政府和社会满意的优质工程，保障工程质量治理取得实效。

三、正确认识市场经济发展规律。市场经济发展的总体要求，党的十八届三中全会提出发挥市场在资源配置中的决定性作用。也就是说资源能由市场自主配置的，政府就不直接干预。李克强总理在政府工作报告中指出，加大简政放权，放管结合改革力度，取消和下放一批行政审批事项，全部取消非政府许可审批。中国特色社会主义市场经济，是政府宏观调控下的市场经济。简政放权，发挥市场在资源配置中的决定作用是市场经济发展的必然要求。正确认识这一点，对于监理管理制度改革就不会手足无措。地方协会、专业委员会

和分会，要引导企业加强内部管理，增强企业整体素质，适应市场经济发展环境，在做优做强、做专做精上下工夫。面对监理取费市场化改革，引导企业提高诚信意识和服务技能，提高为业主创造价值的本领，依靠自身优质服务获得市场份额和报酬。鼓励大中型监理企业，开展监理与项目管理一体化服务。近些年来，因政府不断加大对公权力制约、民营投资持续增加、中小城市和专业部门建设逐步加大等因素，工程项目咨询管理需求在不断增加。浙江五洲工程管理公司、广东宏达建业集团、京兴国际工程管理有限公司、宁波高专建设监理公司等一批企业已开展了监理与项目管理业务，也积累了一定的经验。行业组织要密切关注监理管理制度改革后的动态，及时发现影响行业健康发展的问题，研究提出解决问题的办法，维护监理行业稳定发展，保障会员的合法权益。

四、加强行业诚信建设。国家近些年高度重视社会信用体系建设，提出了社会主义核心价值观，其中诚信是一个方面。李克强总理在政府工作报告中指出，加快社会信用体系建设，建立全国统一的社会信用代码制度和信用信息共享交换平台，让失信者寸步难行，让守信者一路畅通。住房城乡建设部成立了以副部长王宁为组长的社会信用体系建设领导小组，积极推进建筑业诚信建设，提出了建筑市场监管与诚信信息一体化工作平台建设要求，目前北京、天津、安徽、四川等省市建筑市场监管与诚信信息一体化工作平台已通过验收。中国建设监理协会在已制定《建设监理行业自律公约（试行）》和《监理人员职业道德行为准则（试行）》的基础上，今年拟起草《监理企业诚信标准和评价办法》，希望各地方协会和专业委员会、分会给予大力支持。

五、加大对监理行业的宣传力度。充分利用各行业组织刊物、网络平台，大力宣传监理行业先进人物事迹；宣传企业内部管理、文化建设、人才培养、诚信建设、提高监理科技含量等方面的先进经验。这些工作也需要地方协会和专业委员会、分会共同努力。达到典型引导、弘扬正气，提高监理社会认可度的目标，引导监理企业和监理人员认真履行职责，确保工程质量安全，促进监理事业健康发展。

同志们，让我们共同携起手来，形成合力，为监理行业的健康发展而共同努力。

北京市建设监理协会成立创新研究院情况介绍

北京市建设监理协会

2014年，北京市建设监理协会在中国建设监理协会的指导下，以引领行业发展方向为己任，依靠会员单位的集体力量，发挥监理作用，提升行业形象，进行了一些有益的尝试，取得了一定的成绩。特别是我们发起成立了"北京市建设监理协会创新研究院"，并在政策咨询、技术标准、监理手段和方法创新等方面取得了初步成果，多项成果汇编成册，在年初全市的监理工作会上发布，赢得了广泛的好评。

一、成立创新研究院是对陈政高部长指示的北京式的解读

陈部长对监理有两点指示，其中一点就是，希望我们的监理企业做大做强，做成连锁。我们理

北京市建设监理协会会长　李伟

解部长的指示，鼓励大型监理企业做成连锁肯定不是目的，其目的是提高监理行业的集中度，提高行业集中度也不是最终目的，最终的目的是充分提升监理的水平，充分发挥监理的作用。从最终目的出发，我们认为应该充分结合各地的情况，研究如何提升监理水平和充分发挥监理作用。分析北京市监理行业的数据，我们发现三个特点：第一个特点是北京的大型监理企业比较多，但相对而言占绝对优势的企业基本没有。北京市近两年每年监理费进账约180个亿，但是我们最大的企业只有3个多亿进账，市场占有率只有2%左右，不像外省市有处于绝对优势的企业。第二个特点是，收入靠前大企业，其主营业务反而不在北京，中央在京的企业、铁路系统、核电系统、石化系统的大型监理企业，超过3个亿的或者几个亿的企业，其主要业务并不在北京。第三个特点是两个80%，甲级以上的公司占到监理单位总数的80%以上，以房建和市政公用工程为主业的监理单位占到80%以上，北京市场上还有70多家外地进京的甲级监理公司，北京市场是一个成熟开放的市场。这三个特点决定了北京监理市场的占有率相对分散，占有率也是相对稳定的，靠单一企业的示范作用影响很难超过2%的市场覆盖率，影响比较小，要想改变行业形象、提升整个行业的水平单单依靠个别企业是不可能的。我们说北京市有8万人的监理队伍，占全国总量的将近十分之一，我们有一个精英层，董事长或总经理所谓的掌门人中，高工以上职称、本科以上学历的占到98%左右，我们有一个中坚层，就是12000多人的总监理工程师队伍，还有一个骨干

层，即项目的总监理工程师代表和主要专业监理工程师。我们有一个想法就是用搞企业的思路来发挥协会的作用，可以通过某种形式搞成企业联盟，实现一个单一企业做不到的事，做到专家共用和资源共享，通过监理标准化和通过协会组织的自上而下的分级检查、支持，全方位地提升全市监理行业水平。这就是我们办研究院的初衷。研究院暂时还没有一个响亮的名字，暂时还没有在工商注册，但它的性质是大企业联盟，其效果是资源共享，其目的是提升全行业的形象和水平。通过一阶段的运作，当研究院年入账达到一定水平，例如2000万元时，我们会考虑正式到工商注册为研究院有限公司。

二、监理制度需要突破和创新

北京市监理协会和北京市住建委一直以来保持着良好的沟通，在这一点上，我们特别感谢市住建委以及主管领导，创新离不开政府主管部门的支持。一提到监理制度创新，很多人本能地局限于项目管理，如果说过去我们的创新更多局限于"纵向"的话，或许探讨一下"横向"会有更大的收获。

北京市从今年年初开始，将对保障房项目的预拌混凝土质量实施驻厂监理，我们下一步计划用同一笔钱，把住宅产业化的构件厂的驻厂监理，以及保障房第三方分户验收的抽检也开展起来。这些工作在如下三方面是对于监理制度的突破。首先，突破了现场的"铁三角"。过去有一种说法在北京的政府管理部门比较流行，说的是建设单位、监理单位和施工单位构成一个利益共同的"铁三角"，一起对付政府部门的检查。这次我们的工作实际上不受建设单位、施工单位以及项目的监理单位的限制，而且明确规定第三方专项监理应与项目监理单位分开，实质上是一种代表社会公众利益受政府委托的政府购买服务行为。之所以还叫监理，那是因为用了我们8万人中精选出来的一部分

人，用了建设单位应该给我们这个行业但是我们过去没有拿到的一部分钱。第二个突破是我们走出了围墙，过去我们监理是管围墙以内，但是现在的工程建设管理专业化分工比较细，各种专业分包，各种部品构配件越来越多，不从源头控制就无法真正起到作用，走出围墙是非常有必要的。第三个突破是在工作方式、工作手段和管理模式上有创新。我们协助市住建委起草了《关于对保障性安居工程预拌混凝土生产质量实施监理的通知（试行）》（京建法[2014]20号），协会针对该通知配套拟定了《保障性安居工程预拌混凝土生产质量驻厂监理管理办法》京监协[2014]10号文，并与市混凝土协会联合编制了《预拌混凝土生产质量控制培训教材》，经过对10家驻厂监理单位的200人的培训，随着驻厂监理工作的开展，还要拿出一套标准的操作程序，从预拌混凝土的试配、开盘鉴定、过程控制，到出厂数量，实行全方位、全过程的控制。

在我们发布的2014年成果汇编中，我们大概列出了2015年的创新工作计划，有五个研究所同时运作，并争取总结得到2014年三倍左右的成果，五个研究所分别是政策咨询和管理咨询研究所、软件技术研究所、设计项目管理与项目管理研究所、BIM应用与信息技术研究所，以及第三方评估中心。我们今年计划完成主编修订地方规程四部，参编国标地标六部，正式出版图书两本，内部培训教材两本，市住建委课题一项，协会课题研究20项（鉴定完成课题12项）。

三、开放的姿态 企业化的管理 市场化的运作

开放的姿态，就是对所有热爱监理事业的专家和企业开放。在研究院的五个研究所中，专职人员很少，除个别人外，研究所外专职研究人员以组织工作为主。在去年的工作中，我们还得出一个"副产品"成果，即如何衡量监理企业的综

合实力，我们认为用企业资质和所谓百强排名来衡量监理单位实力是不准确的，我们采用企业规模和业绩、企业人力资源、企业创新科研培训的投入，以及企业对行业发展的贡献等，共四类15项指标，以打分的方式得出综合评价分数。最初有的老总也有向领导反映的，说协会制定了一个规则，为什么没有我，不让我参加？后来我们拿出我们的评比规则，有的单位就连报名都不报了。在年会上我们还公开宣布，随时欢迎参与工作，我们的第一个条件是，你拿出你公司工作三年以上的二十个人本科学历青年员工来参加培训。第二个条件是，这些人两年以后要拿到北京市的中级职称证，不是大施工集团发的或外省市发的那种中级职称证。第三个条件是，这些人要能够在你公司留得住。我们要下大力气打造这个团队，争取使之成为监理行业的宪兵团或别动队。第四个条件，就是要服从协会的统一管理和指挥，驻厂监理没有办法像过去那种合同模式——对应，要根据工作量平衡协调。最后一个条件，我们约定一个规则，要把剩余的利润集中起来归行业使用，为行业做更多的事。

企业化的管理，是把大企业联盟或集团的概念逐步引入监理行业。从去年开始我们配合市住建委和质量监督站对施工现场监理履职情况进行了检查，我们发现把监理行业专家的专业优势和政府管理部门的执法优势结合起来，通过检查过程督促学习，对于监理整体水平的提升有很好的促进作用。我们计划在研究院框架下逐步建立起一支600人左右的专家队伍，除参与创新研究工作外，还要有人员培训专家，以及现场质量、安全、监理资料等检查的专家，要把与政府部门的联合检查制度化、常态化，实现对于项目监理部在公司、协会两个层面上的检查和技术支持。研究院的科研活动也分为协会层面和公司层面，我们制定了"北京市建设监理协会创新研究院课题管理办法"，从课题立项、中间评议、鉴定等环节，规范协会层面课题的管理。2013年年初我们制定一个规则，要求各

公司每年的创新、科研、培训投入不低于企业年收入的2.5%，目的是增强行业长远发展后劲。我们经常向企业说两句话："新毕业的学生在你的企业留不到三年时间，是年轻人的问题还是我们企业的问题？如果你还认为是年轻人的问题，那么你的企业五年之后很可能会被淘汰。"另一句话是："面对经济增长方式的新常态，再像过去那种粗放的经营是没有前途的，变则活，不变则死。"我们希望企业"投入下沉"，拿出过去可能形成利润的一部分钱，用于提升员工素质和监理工作水平。

市场化的运作，第一个方面是指既面对监理行业，也面对整个建筑大行业。"跳出监理看监理，才能说清楚监理"，建筑行业现在有许多 需要做，但是还没有人做或没有做好的事情，不局限于监理理论研究或管理理论研究，市场有需要就是我们的课题，尽快转化为生产力是我们的目的。第二个方面是指应该避免重复投入，比如说软件开发，如果每个公司都各自投入开发相同或者类似的软件，不如大家集中人力和资源，一起搞一个功能强大普遍适用的好东西。保证我们课题不是在低水平上重复，成果属于大家，成果共同分享。第三个方面是指资源共享具有经济性。例如，一个公司常设一个专家组的话，就项目监理部工作检查一项工作而言，质量、安全、监理资料三个专家每月日常开支，肯定高于协会临时组成的专家组，而且由协会统一组织、统一考核，标准易于统一，专家水平容易保证。课题研究等研究院所需费用，采取会员投入的方式解决，协会并不收取赞助或其他名目的费用，由课题参与单位直接支出。由于是出于引领行业发展的公心并有协会内部政策倾斜，会员单位参与研究院工作的热情很高。

以上是我代表北京市监理协会对协会研究院的相关情况做的简要介绍， 仅供各位领导参考。我们也希望各地协会支持和参与我们的工作。让我们共同努力，为我国工程建设监理事业的健康发展作出应有的贡献。

坚持服务宗旨　开创工作新常态

湖南省建设监理协会

2008年12月湖南省建设监理协会进行换届选举，我有幸担任了第二届协会法人代表、常务副会长并兼秘书长。履职之初，对我省14个市州200多家企业开展了行业发展状况、会员诉求、主管部门要求等调研，并广泛听取了不同地区、不同级别、不同行业会员对协会工作的意见，与上一届协会主要领导进行工作交流，把了解的各种信息作为本届理事会制定各项工作计划和制度的基础之一，较好地避免了日后工作中出现不应该的失误。我会的发展理念是：独立开展和发挥行业协会的作用，构筑政府与行业联系的桥梁，努力提供双向优质服务。不作第二政府，但要当好政府的助手，在政府的决策中饱含行业协会的智慧，使政府的作用得到延伸。及时反映行业的心声，维护行业的合法权益，为会员营造一个温馨的家而奋斗。六年来，我会在中监协、省住建厅和民政厅的正确指导下，在原有

协会工作和借鉴各兄弟协会经验的基础上，坚持服务宗旨，努力创新工作思路和方法，较好地发挥了桥梁和纽带作用。

一、协会基础工作建设

（一）完善机构建设

1.机构设置趋向国际化。我会实行会长轮值制，一共5位副会长，其中法人代表兼常务副会长、秘书长，其余4位副会长为轮值会长，轮值一年。法人代表、会长、副会长全部由会员代表大会直接投票选举产生。我会机构的新模式得到了省民政厅和住建厅的大力支持，并作为湖南社团组织新模式的试点。协会设秘书处、行业自律委员会、行业自律监督委员会，正在筹备成立行业理论研究会等机构。秘书处设综合办公室、培训部、行业发展部。

2.实行政会分开。根据社团组织管理办法和国家相关政策的规定，我会2008年率先在建筑业实行政会分开、人员分开、财务分开等运行机制，全面独立地开展协会工作。目前已做到在职14位工作人员，没有一位是在职或退休的政府公务员、国家事业单位人员，财务保持独立运行。

（二）加强协会制度建设

新的理事会注重制度建设，六年来秘书处对原有的制度全面进行了清理、完善和补充，在人事、职责、财务、物资、培训、评先评优、诚信评级、行业自律检查、行业自律监督、考核、考勤、文件档案、车辆使用、礼仪等各方面建立了一整套

湖南省建设监理协会秘书长　屠名瑚

的管理和运行规章制度，为未来规范化管理打下了坚固的基础。

（三）加强行业业务建设

针对行业服务标准缺失和监理人员不会监管的问题，我会与省厅组织编写了《建设工程监理服务指南》一书，将37项主要监理工作的服务范围和内容、工作依据、工作要素、工作程序、方法与措施、工作质量标准等都作出了详尽规定，为监理行业和监理人员确定了必要的服务条件和标准，为监管部门、企业提供了监管和考核参考尺度，该指南目前作为我省建设主管部门和行业协会对监理人员工作考核的标准。我会还编制了《湖南建设工程安全监理规程》，有利于提高全省工程建设安全生产监管水平。

（四）加强协会人才队伍和基础设施建设

过去我会存在经济状况差、基础设施差、人员工资福利差、人力资源配置不合理等现象，人心浮动，严重影响协会正常工作的开展和桥梁纽带作用的发挥。经过加强管理、改革培训方式，在不增加会员单位开支的情况下，协会经济效益明显好转，基础设施明显改善，有产权的办公用房达700平方米，目前我会14名工作人员中主要业务骨干都是经严格招聘并且是年轻有为的专业技术人员。目前员工待遇明显提高，工作人员的情绪由波动到稳定，工作积极性和效率明显提高。

二、创新行业管理办法

针对行业存在市场行为、监理履职、对现场监理不监管、人员素质普遍偏低等各方面的问题，协会出台了新的文件和措施，用管理促使行业逐步向规范化、标准化、信息化监管方向发展。

（一）加强从业人员自律监管

针对少数从业人员不自律而单个企业难以监管的现象，我会出台了《湖南省监理人员绩效考核办法》，当从业人员离开企业时，由原企业对其进行绩效考核，变更单位时必须由原单位提供绩效考核表，协会存档保管，如果考核不合格难以进入新

的企业，连续两次绩效考核不合格全行业不准使用。这种管理办法对缺乏职业道德和技术素养差的人员是一把达摩克利斯剑。

（二）加强行业自律监管

为了加强行业自律监管，协会制定了《湖南省建设监理行业自律公约》、《湖南省建设监理行业诚信等级评价管理办法》、《湖南省建设监理行业自律激励和惩戒管理办法》、《湖南省建设监理行业诚信等级动态管理办法》、《行业自律委员会工作准则》、《行业自律监督委员会工作职责》，公布各市、州工程监理最低成本价等。每两年开展一次诚信等级评定，对于诚信的企业在评先评优活动中优先考虑，并在全省工程招投标过程中对诚信企业给予不同的加分。从2012年下半年开始，我会每年开展行业自律和履职检查，对严重失职、低于成本价承接业务和不诚信的企业除给予严厉的惩戒外，还向建设主管部门提出给予不良行为记录的建议，2014年因我会提出给予不良行为记录建议并被采纳的已有上十起。每逢灾害性气候、法定长假时，我会都提前在内部区域网上下发加强监管履职、严把复工条件审查关的通知文件。我省最近连续多年建筑业100亿产值，死亡人数实现在0.5人以内，安全生产形势明显逐年好转，这其中包含了广大监理工作者的辛勤劳动和行业自律监管的作用。

（三）创新人员培训方法

1.建立监理人员培训机制

建立完善我省监理人员培训机制。从满足需要、提高质量、确保素质出发，科学确定监理人员的培训方法。从确定资格条件，选择教材内容、教师队伍、教学方法，建立题库，考试录取方法等制定新的措施，建立了长期有效培训机制。

2.编写人员培训和继续教育教材

随着建设监理事业的不断发展和技术创新，为满足监理人员培训和注册监理工程师继续教育的需要，有效提高监理人员的综合素质，使培养的监理人才能够更好地适应监理工作，结合本省实际和借鉴省外培训和继续教育的先进经验，加大教材知

识更新力度，增加实践经验内容。

3.编制人才发展规划

我会与湖南社会科学院共同编制了《湖南省建设工程监理行业人才发展规划》（2014~2020年）。规划内容包括：前言，指导思想、基本原则和发展目标，主要措施，组织实施，结束语几个部分。

4.开展监理队伍提质工作

由于过去在监理队伍中存在相当数量的持省证、监理员证人员既无学历又无职称的情况，严重影响监理的履职和声誉，2010年我会开展监理队伍清理工作，共清理出不合格人员数千人，相对提高了湖南整体监理队伍的素质。

三、双向服务工作

（一）积极完成主管部门部署的工作

先后参与中监协组织的《全国"十一五"建设工程监理发展理论研究报告》和《湖南省"十一五"工程建设发展纲要》的起草工作，同时还参与省厅组织的《湖南省建设工程监理招标投标管理办法》、《湖南省建设工程监理招标评标办法》、《湖南省施工项目部和现场监理部关键岗位人员配备标准及管理办法》、《湖南省省外入湘建设工程中介服务机构监督管理办法》的起草工作。派员参加政务中心监理企业资质和人员注册管理、省厅建设工程质量安全检查、省重点工程建设办重点工程质量安全大检查等工作。承担湖南省建设监理行业统计报表工作。参与湖南省建设监管平台的建设开发工作。

（二）维护行业权益

面对行业和企业在发展过程中广泛存在被侵权的严重问题，协会加大了维权力度，积极优化发展环境。一是利用各种机会为行业呼吁相关部门完善现有法律法规，出台为监理行业增效减困的新法规，防止相关行业侵害监理行业利益。秘书处利用各种会议、参与文件起草的机会，把全省多年来的意见和建议集中向主管部门反映。二是受理监理企业反映权益受侵害的个案。秘书处

及时将企业反映的问题向省厅汇报，在建管处的支持下使一部分问题得到了很好的解决。三是直接与损害监理行业利益的相关部门沟通，抵制损害监理行业利益的行为。四是支持企业维护正当权益。只要企业有需要，反映的情况如实，协会都尽力支持和协助企业维权。五是及时协调和处理会员之间的投诉，在湖南由我会承担企业向协会、省厅的监理投诉案件，每年受理达数十起，及时化解企业之间的矛盾，维护当事企业和人员的合法权益。

（三）积极组织横向交流

组织部分企业到国内外实地学习行业发展和监管经验，每年参加中南部分省监理协会及其他片区联谊会，通过学习先进的理念和经验，促使我省监理事业发展观念改变并找到差距。每年聘请优秀企业家、专家、学者为全省企业做先进事迹、先进技术和职业道德的讲学及专题讲座报告，使企业了解企业先进的管理模式，学到企业发展经验及新技术。

（四）大力推行项目管理与工程监理一体化服务

国家项目管理和工程监理一体化服务试点工作已启动实施，虽然我省未被列入试点范围，但协会一直积极关注，在株洲云龙大道项目建设中，我会积极协助湖南和天项目管理有限公司推行项目管理与工程监理一体化，在省厅的大力支持下，该项目作为项目管理与工程监理一体化试点成功实施。

（五）积极宣传开拓和多元化经营典型事迹

在行业内积极宣传中国水利水电建设工程咨询中南公司、湖南和天项目管理有限公司等开展BT、BOT的经营模式，走多元化经营和资本经营发展道路经验；宣传湖南电力建设咨询监理有限责任公司、湖南和天项目管理有限公司、湖南长顺工程建设监理有限公司、长沙华星建设监理有限公司等成功进入国际市场并延续发展的事迹。通过着力宣传典型事迹，扩大开拓和多元化经营影响，推动

我省监理业务由低端向高端、由施工阶段监理向全过程、由技术服务向技术服务与资本经营相结合的方向发展。

2009年在湖南日报连续报道我省六家大型先进监理企业的优秀事迹，激励全行业奋发进取，发挥模范作用和树立品牌意识。

2014年开展监理业绩统计工作，要求各企业如实统计每个项目每年平均发出多少张监理工程师通知单和工程暂／停工令，每个项目因合理化建议及监管创造多少工期、投资等附加值，避免了多少质量安全事故的发生，这些作为宣传监理作用的第一手资料。

（六）开展推荐我省品牌企业的试点

为提高我省监理行业的声誉，体现我省监理行业的实力，避免业主"舍近求远"和放心选择我省品牌企业，确保重点建设工程项目的质量安全，探索向重点建设工程项目业主推荐实力强、服务信誉好、专业对口的企业供选择试点。活动受到了业主的高度好评。

（七）推广信息化管理

我省建设主管部门多年前提出了建筑业规范化、信息化和标准化的"三化"监管模式，我会在行业积极宣传和推广，要求实力强、规模大、具有模范带头作用的企业带头对现场和工程实行"三化"监管，目前我省大型企业基本实行或朝着"三化"监管努力，其中湖南电力建设咨询监理有限责任公司投巨资自行研究开发出了公司管理、现场管理、项目管理、人员管理、绩效管理的实用软件，湖南华顺项目管理集团公司开发出了适合主管部门、企业对工程项目质量安全预警管理软件等，下一步我会将在全行业推广使用优质软件。

（八）开展行业最低成本统计

随着工程监理行业收费逐步实行市场调节化，为了在收费制度改革后防止进一步出现市场混乱，我会从2012年开始开展工程监理最低成本统计工作，当时的想法有三个：一是防止行业出现低于最低成本价的恶性竞争，影响监理作用的正常发挥；二是企业如果低于最低成本价承接项目，作为惩戒的依据之一；三是如果由地方政府制定指导价格，可向政府相关部门提供决策参考意见。2013年我会公布了全省工程监理房产项目监理最低成本价，项目规模分10万平方米以下、10~30万平方米、30万平方米以上，标准分长沙市和其他市州，要求企业不能以低于公布的成本价承接项目。我会准备从2015年开始实行只公布上一年度房产项目监理最低成本价的制度。

（九）开展行业文化体育活动

从2014年开始，我会每年举行一次文化体育活动，2014年5月16日成功举办首届湖南省建设监理协会环梅溪湖"华星"杯12公里乐行赛，7月11-13日成功举办首届羽毛球"和天"杯团体赛。2015年将开展首届湖南省建设监理协会书法和摄影大赛，主题是工程监理文化和风采、第二届湖南省建设监理协会梅溪湖"—"杯12公里乐行赛、首届湖南省建设监理协会足球赛。通过文化体育活动推广行业基础体育运动的开展，提升行业活力和影响力，增强协会凝聚力和监理工程师体质。

四、依法依规开展协会业务

（一）按国家相关法规政策制定协会规章制度

依据国家相关法规、省厅的文件政策、行业的具体情况制定协会的规章制度，每项规章制度首先广泛征求意见，会长扩大会议审查，常务理事代表大会表决，省厅批准后实施。

（二）严格按章程办事

依据协会章程规定的业务制定每年的工作计划，我会的工作围绕"服务"这个中心开展，在协会章程规定的业务范围内制定工作计划，工作计划首先征求部分企业的意见，由会长扩大会议审定，常务理事代表大会表决，报省厅批准后实施。

（三）严格执行收费制度

我会开展的部分收费业务，在开展之前必须已办好收费审批手续，凡是没有收费依据和批准

文件的一律严禁收费。六年来我会在省政府、省纪委及相关部门的多次审计中没有出现一例违规违纪事件。

（四）按程序开展工作并接受监督

我会开展一些与企业息息相关的工作，如人员培训考试、评先评优、诚信等级评定、惩戒等，都事先制定严格的工作程序、组织纪律和注意事项，并经常务理事代表大会的表决通过，报省厅建管处、监察室等部门批准。在实施过程中邀请省厅建管处、监察室等部门的人员实施过程监督，各项结果实行公示、接受举报、公告制度。由于严格按程序开展工作，六年来未有出现过人为违规事件，许多重要工作如诚信等级评定等实现了零投诉。

五、存在的问题

回顾六年的工作，我会在发展过程中取得一定成绩的同时，也清醒地认识到我省监理行业仍存在一些突出的矛盾和问题：

一是监理企业和人员观念转变问题。行业主体还是走着低端服务的道路，经济效益提高缓慢。品牌企业规模偏少，行业发展参差不齐，部分企业自主创新发展能力偏弱，依赖性强，观念依旧。

二是行业自律任重道远。突出表现在企业市场竞争不规范，部分企业乱价，少部分企业搞挂靠和签订阴阳合同，导致企业或现场监理部服务不到位，服务水平低，严重影响行业的声誉。

三是企业的管理、业务和装备建设有待大力加强。一部分小型企业的管理仍处在一种无序化的原始管理模式，规章制度不健全，企业文化未建立，民营企业多是家长制模式。与企业发展息息相关的业务和技术装备建设还相对落后，企业的发展投入少，缺乏经营和人才战略，企业的软、硬件与现代企业相比都相差较远。

四是监理队伍人员数量不足、素质偏低。

砥砺担当　团结合作　努力完成协会各项任务

江苏省建设监理协会

一、明确宗旨　当好助手

协会的工作宗旨是提供服务、反映诉求、协调关系。协会是建设行政主管部门和企业的桥梁和纽带，一头是上联主管部门，另一头是下联监理企业。调整理顺协会组织机构，是为上联主管部门当好助手的前置条件。

目前，协会有400家会员单位，112家理事，47家常务理事，9个会长，8个秘书长。全省13个省辖市，平均每个市3个常务理事，日常工作基本上都有一个会长或秘书长牵头，围绕主管部门的中心工作，协会开展了一系列活动。

（一）围绕做大做强监理企业做好服务

江苏648家监理企业，从业人员61056人，综合资质1家，甲级企业300多家，乙级企业200多家，丙级企业近100家，国家监理工程师12777人，

江苏省建设监理协会秘书长　朱丰林

其中注册到监理企业的近11000人，省监理工程师18000人。全国100家综合资质江苏只有一家，这实在是太少，与江苏的监理大省身份极不相称，要把江苏监理大省发展到监理强省，先从这方面进行突破，所以省住建厅计划在"十二五"规划期间再发展3~5家进入综合资质。目前已有3家正在紧锣密鼓地推进审批综合资质。协会从中牵线搭桥，把有意向的独艘舰艇组合成联合舰队，帮助企业进行疏导，进行整合。同时联络省住建厅市场监管处、厅注册中心以及厅行政审批中心一起为他们提供咨询服务。同时协会还为监理企业几组抱团取暖式的组合出谋划策，如两个乙级企业组合成甲级企业；两个甲级企业在市政监理方面再做大做强进行组合。

（二）努力推进全省工程项目管理工作

为提升企业开展项目管理的能力和水平，协会多次举办工程项目管理讲座，普及和推广工程项目管理。帮助企业掌握开展项目管理服务需要的理念、技术、知识和方法。举办工程项目管理讲座，邀请了东南大学教授、江苏建科建设监理有限公司公司研究员级高工进行授讲，主要涉及现代工程项目管理新的发展、工程全寿命期管理、工程项目管理系统设计的总体思路、工程项目管理服务基础与实务等方面的内容，得到了学员的一致欢迎和好评。项目管理讲座还特别邀请到省住建厅徐厅长到会作了重要讲话，他分析了当前江苏省工程建设所面临的形势与挑战，对全省工程项目管理工作的推进提出新举措，也向开展项目管理企业提出了新要求。

抓典型领路作用。协会组织全省企业到项目管理工作开展比较好的无锡市建业恒安工程管理股

份有限公司召开现场会，取经学习，借鉴经验。还联络厅造价协会、招投标协会与建业恒安以及江南大学成立首创项目管理研究院。把省监理协会理事会放到建业恒安召开，为研究院揭牌造势。近年来，研究院全方位、多层次为项目管理培训各方面人才，包括培训项目管理师资和从事项目管理的有关人员。同时协调安排全省各地监理企业到建业恒安、到研究院现场参观学习等，极大推动了本省监理与项目管理工作的开展。

（三）积极引导和帮助监理企业切入轨道交通工程监理领域

协会协助监理企业联系投标，培训有资质人员，同时也使江苏监理企业以滚雪球的方式不断切入轨道交通监理领域。目前我省地铁建设任务已占全国六分之一，当前省外来江苏监理人员6000多人，其中中字头央企、上海等地有轨道交通资质的监理人员占三分之一。13个省辖市已有5个市进入地铁工程建设阶段，1个市开展地面轨道交通建设，还有几个市正在申报审批。据有关规划设计方面透露，在十三五规划期间，我省要实现各市县轨道交通全覆盖。这对我们江苏压力很大，举办在建地铁工程质量安全培训工作显得很必要和迫切，省住建厅转发住房和城乡建设部《关于开展在建地铁工程监理人员质量培训工作的通知》，并将具体培训工作委托省监理协会承办。因此，为了加强我省地铁工程建设质量安全管理工作，进一步提高我省在建地铁监理人员的质量安全风险防控能力，协会认真组织师资力量，分别在南京市和苏州市举办多期在建地铁工程监理人员质量安全培训班，培训班得到了相关监理单位的积极响应。师资力量既有高等院校的教授，有行业内资深的专家，也有从事地铁工程多年的现场总监，同时我们合理设置培训课程，内容包括地铁工程监理相关法规政策和规范、地铁工程风险防范及监理要求、地铁工程质量安全事故安全分析等，采用考勤与考试相结合的培训方法，增强了监理人员地铁质量安全方面的知识，提高了监理人员风险防控能力。省住建厅有关领导、省辖市住建局以及地铁指挥部的领导对此次培训工作都高度重视，特别是省住建厅徐学军副厅长，每次培训班都亲自到班，为学员进行"地铁工程建设面临的形势与挑战"的讲座，受到了学员的热烈欢迎。

（四）积极调研，推动监理课题研究，规范监理工作

为促监理行业发展、深入研究监理行业现状，对监理行业热点、难点问题开展针对性研究，从中挖掘新举措。协会发挥共同承担监理行业各项课题研究的积极作用，是监理协会围绕建设主管部门中心工作开展工作的"新常态"。

一是配合省住建厅完成了与住房和城乡建设部建筑市场监管司签订的《工程监理工作质量考评和信息系统研究》课题。解决了监理工作质量评价长期缺少统一的量化标准和科学办法的难题，通过全面系统的研究，制定出一套全国通用的考核体系及科学合理的评价标准（表格），并建立了实用的信息管理平台和相应的计算机管理软件。此标准可用于项目监理机构自我评价、监理企业对项目监理机构工作质量考核评价、政府建设行政主管部门对监理企业和监理机构的综合评价等，监理信息管理平台有利于政府部门进行动态监管、提高管理效率。

二是编制了《江苏省建设监理行业自律公约》、《江苏省建设工程监理规程》、《工程建设监理企业质量管理规范》、《江苏省项目监理机构工作评价标准》、《江苏省建设工程监理现场用表（第五版）》。

三是配合省住建厅建管处组织的《建设工程监理合同（示范文本）》和《江苏省项目监理机构工作评价标准》宣贯工作，进一步规范建设工程监理与相关服务行为，提升了监理规范化管理水平，提高了监理现场工作质量，让大家更好地理解、掌握规范及现场用表的内容；协会的多位领导亲自授课，获得了好评。

四是配合省住建厅开展的省示范项目部的考核检查工作，通过开展示范项目部的活动，促进了企业对监理部的管理，使我省的监理工作更加规范。

五是开展了我省监理企业成本价调研。为贯彻住建部"建市[2014]92号"文件精神，维护监理市场正常秩序，促进我省监理行业健康发展，江苏省建设监理协会开展了监理企业成本调研工作，为制订江苏省非政府投资工程监理服务收费行业参考价提供依据。

六是按照省住建厅的要求，对外省进苏监理的人员统一进行培训，培训班上宣传《江苏近年来加强省外监理企业管理的政策规定》，落实使用《江苏省建设工程施工阶段监理现场用表》及《江苏省项目监理机构工作评价标准》，让省外进入江苏从业监理人员掌握我省的监理管理政策和要求，进一步全面提升全省监理规范化管理水平，现已开班二十期共4000多人参加集中培训。今后该项工作将进入协会常态化管理。

配合住建厅市场监管处进行省内外监理工作调研。课题由市场监管处牵头出题，协会深入企业进行调研，组织专家论证，各项具体工作均由省协会操作完成。如到上海市协会取经了解他们监理收费1.2系数标准，如何加强监理行业管理；到安徽调研工程项目管理工作；到青海调研并组织监理企业专家对江苏援助地区监理企业骨干进行培训等工作。

（五）主管部门支持协会工作良性循环

近年来，市场监管处真正把协会看成他们的助手，关系十分融洽。市场监管处同时也处处为协会着想，从服务项目中让协会的经费得到保障。

一是省外监理人员来苏培训由监理协会负责并收取培训费。

二是江苏省二级建造师继续教育的培训教材，其部分交给监理协会负责印刷发放，教材结算差价作为监理协会收入。

上牵主管部门，要使协会得到主管部门的信任，协会积极主动与主管部门联系沟通，经常向领导汇报协会工作思路和方法。召开会长、秘书长联席会议之时，住建厅市场监管处分管监理工作副处长和科长（他们分别兼协会常务副会长、常务副秘书长）到会，这样我们可以毫无保留地汇报、商量（他们是双重身份）。协会工作热情得到主管部门认可，循序渐进地将监理方面一些工作交给了协会；协会认真对待，由协会专家委员会组织专家论证，指派副会长、副秘书长具体负责，出色地完成各项服务工作。由于工作越做越多，成绩越做越

大，工作出现良性循环，协会在主管部门的声誉就越来越高。分管副厅长徐学军全力支持协会，监理协会大会有请必到，经常主动关心协会，来协会讲话，多次给协会讲课。

二、服务企业　做企业的娘家人

协会最根本的目的就是服务企业，企业的事就是我们协会的事，企业的困难就是我们的困难，我们就是企业的娘家人。

（一）开展省监理工程师培训考试

一是江苏省建设厅发文，省人事厅审批的工程类工程师（地方工程师不认可）通过报名培训，考试合格后颁发省监理工程师考试合格证书，省监理工程师可以担任二等、三等工程项目总监和专业监理工程师。

二是工作认真，严格筛选，所以省监理工程师质量较高。

三是我们参照中国建设监理协会对国家注册监理工程师继续教育一套程序和办法，开展江苏省监理工程师继续教育工作，万事俱备，只欠东风，各项工作基本筹备就绪，只等六月份省监理协会参与编制的教材出来就开始。此事由省住建厅发文，厅市场监管处主管，省监理协会具体负责，各省辖市监理协会配合。其中网络教育48小时，面授12小时。

（二）探索工程监理保险责任的推行

几年来，江苏省建设监理协会高度重视监理企业的风险防范工作，为解决长期困扰监理企业安全责任认定的难题，提高企业的风险防范意识。同时，也希望能够充分发挥保险机制事后补偿、尽快帮助企业恢复生产的特有功能，以及责任保险的社会管理功效，帮助企业在不幸发生事故之后，及时解决繁杂的民事赔偿纠纷。协会决定将"工程监理责任险"的推广作为协会工作的重要内容。

2012年春，江苏省建设监理协会会同紫金财产保险江苏分公司、江苏东泰保险代理有限公司在南京汤山举行了"全省工程监理责任保险签约"仪

式。此举标志着"工程监理责任险"在江苏的启动，并成为全国率先能够投保"工程监理责任险"的省份。省住建厅、省保监局相关领导到会祝贺，对在全省推行"工程监理责任保险"的创新举措给予了充分肯定和高度赞誉。扬子晚报、新华日报、中国保险报分别报道了此条消息。中国建设报也在头版头条以江苏推行"工程监理责任保险"为题作了报道。在该险种实施的几年里，协会本着寻找问题、发现问题、解决问题的宗旨，会同紫金财产保险公司和江苏东泰保险代理公司对保险条款、保障范围、风险查勘和服务理赔进行了细致的探讨和论证。

特别在2014年，由省监理协会组织，当地监理协会配合，江苏东泰保险代理有限公司指派专业人员，以座谈会的形式，分别在全省各地市和监理企业进行了多次面对面的讨论，听取了他们最实际的想法和意见，对该险种进行了及时的调整和修正，设计出保险范围更全面、费率标准更优惠、条款设计更贴近企业实际需求的"工程监理综合保险"。该险种包含"监理责任保险"和"雇主责任保险"两个保障范围。企业因疏忽或过失行为导致业主遭受直接财产损失，或者致使业主或其雇员发生人身伤害，应由被保险人承担经济赔偿责任的同时，保障了监理企业雇员24小时范围内的人身意外。收费标准也兼顾企业的支出成本，设计得更合理、更优惠。与此同时，协会在2015年拟定对每一家成功投保"工程监理综合保险"的监理企业颁发铜质铭牌，在肯定他们对风险防范做出表率工作的同时，也希望企业能够进一步提高保险意识。

2014年中，全新的"工程监理综合保险"一经推出，即收到了各市监理企业的热烈欢迎，现有近30家工程监理企业与紫金保险江苏分公司签订了承保协议，为监理企业的风险防范建立了坚强的后盾。相信该险种在2015年度会为更多监理企业的发展保驾护航！

（三）为企业送考上门

江苏国家注册监理工程师继续教育培训，其考试面广量大，为了方便企业做好国家注册监理工程师的继续教育工作，省监理协会遵照中国建设监理协会的统一部署，坚持以网络学习和面授两种形式对需要延续注册人员进行继续教育。对参加网络学习需集中考试的学员，省协会到市、县及大企业设置考点送考上门，协会领导亲自到现场监考，既严肃了考场纪律又方便了广大的监理工程师，虽然我们协会一年要增加几万元费用，但为企业节省其人员的经费是协会费用的几倍，还为国家注册监理工程师节省了工作时间。

协会在参与这些活动的过程中，借机在当地召开部分会员单位座谈会，走访骨干企业，听取他们的心声，这样加强了与监理企业之间的交流，了解到监理企业的诉求，为提高协会服务质量、深化服务内容起到了促进作用，起到了行政主管部门左膀右臂的辅助作用，协会的经济收入也日益增加。

（四）办好《江苏建设监理》杂志，分享理论和经验

省协会长期以来鼓励全省监理人员积极投稿，协会常年安排资深专家审稿改稿，保证刊登稿件的质量，使全省监理从业人员从中分享理论研究成果和工作经验，对提高我省监理工作水平起到重要作用。

三、与兄弟协会携手共进　共同搞好行业协会工作

省市协会是一家人，其工作目标是一致的，发挥好市级协会的作用，对全省监理工作起到了画龙点睛的作用。

（一）充分发挥市级协会的作用

经常走访市协会了解工作情况，交流工作经验，听取他们对省协会的意见。省监理协会换届时，还专门召开协会联谊会，征求他们对省协会在各市理事、常务理事名额分配的意见。省协会表扬先进监理企业和优秀总监的评优工作，先把信函发给市协会，在市协会评优基础上再评出省协会名额，使省协会工作与市协会工作齐头并进。江苏省共有13个省辖市，原有市监理协会11个，在省协会协调帮助下，实现全省全覆盖。对市协会存在的

困难，尤其是苏北地区，会员单位比较少，全年工作任务不够饱满，协会日常活动经费都存在困难，省协会了解情况后，经主管部门批准同意，决定将省协会一部分培训工作由省市协会共同办理，使他们经费得到补偿。如省协会把每年组织的省监理工程师考前培训班，让市协会收取培训费。我们将全省监理员的培训及考试工作让市协会组织完成，最后由省协会代省住建厅发证，这样既调动了市协会的工作积极性，又解决了市协会工作任务以及经费不足的具体困难。

（二）省市协会开展多种形式的工作交流活动

省协会根据上级部门的工作任务及省协会的阶段性工作，不定期召开各市协会联席会以及经验交流会等，及时传达上级部门精神。同时，各市协会也通过联席会和经验交流会，交流各自工作情况，形成互通情况、相互学习的好机制。通过这些方式收集到企业反映突出的意见，省协会也能及时与上级部门进行沟通。

经过努力，协调好兄弟协会的工作关系，省协会真正起到了政府和企业之间的桥梁作用。主管部门有事放心让协会去做，企业有困难主动找协会，把协会当成了娘家。

（三）加强区域联系，互相学习，取长补短

近年来，我们和10多省市协会互相走访，直接交流，我们走访了上海、安徽、四川、重庆等监理协会，交流取经，我们还几次受中南地区监理协会邀请与会。吉林、贵州、云南、重庆、上海、广东等省市协会到江苏来传经送宝。苏浙沪三省市地区秘书长联谊会每年至少一次，从未间断，会上研讨监理行业热点、难点等问题。

2014年12月16日第九次苏浙沪三省市秘书长联谊会在苏州召开，会前我们通过各方面渠道已获悉国家发改委要出台全面放开建设项目事业服务价格方面文件的信息，即现在出台的发改委299号《关于进一步放开建设项目事业服务价格的通知》，所以当时我们在会上就商定，提早做好应对

这个文件的准备工作。为切实维护工程监理单位的合法利益，提升建设工程监理的服务品质，推动建设工程监理事业健康发展，深入企业进行调研，结合监理行业实际，我们三地位于华东，经济状况、监理行业状况都差不多，拟联合制定一个建设工程监理行业服务费指导价，以便今后监理企业在市场交易中有一个标的参考值，以防监理行业低于成本价进行恶性竞争。

我们苏浙沪秘书长联谊会每年会议质量很高，研讨不少问题并及时向全省宣讲。如12月16日这次会上，上海市建设工程咨询行业协会许智勇秘书长发言很精彩，会后我向苏州推荐，让苏州监理协会开一个讲座，题目是"监理行业目前形势及应对"，许秘书长就当前监理行业现状，阐述了监理企业生存和发展的热点和难点问题，讲得有理论、有案例、有思路、有策略、深入又浅出，创造性继承和发展了修璐秘书长在宁夏银川工作会议的发言。

2014年，是监理行业生存与发展的关键一年，监理市场已发生根本性变化，建设工程质量与安全已引起中央领导的高度重视。习近平总书记在江苏讲话指出，安全生产在任何时候都"忽视不得、麻痹不得、侥幸不得"。李克强总理在中央城镇化工作会议上对工程质量提出了新的要求，指出"工程质量代表了一个国家的形象，反映了一个民族的素质"。党中央、国务院高度重视工程质量与安全，住建部已"全面动员、狠抓严管，开展工程质量两年专项行动"。监理协会应在新常态下，创新工作思路，帮助监理企业完善质量安全的监理工作，使监理行业真正得到政府和社会的高度重视和尊重。

对住建部"工程质量两年专项整治行动"的内容及其要解决的问题，江苏省建设监理协会作为主编单位，组织编制并获江苏省住建厅审定，发布了《工程建设监理企业质量管理规范》（J12776-2014，DGJ32/TJ164-2014），此规范作为江苏省工程建设标准，2015年将是贯彻实施之年，为专项行动的开展，给监理行业提供了工作依据和内容，为监理行业规范化、标准化建设，添砖加瓦，完善自身。

尽心竭力搞好服务　如桥似梁发挥作用

山西省建设监理协会　郑丽丽

近年来，我协会围绕省住房和城乡建设工作中心，结合本省和行业实际情况，认真履行"提供服务、反映诉求、规范行为"基本职责，找准位置，找对发力点，诚心尽力为会员服务。

一、服务是协会工作立身之本

（一）确立服务宗旨，指导协会工作

行业协会是会员利益的代言人与维护人，因此，在工作的总体思路上，我们确立了"强烈的服务意识、过硬的服务本领、良好的服务效果"的"三服务"宗旨，并以这个指导思想来开展工作。

（二）组织参与活动，提高监理地位

调研中大家反映监理地位低、影响小、不被政府和社会重视。为尽快改变这种状况，利用纪念

山西省建设监理协会副秘书长　郑丽丽

协会成立十二周年之际，召开规模大、层次高的纪念会，邀请3名省级领导和6名有关厅局领导参加，并表彰"20强企业"、"突出贡献奖"等先进。当天《山西日报》整版刊登纪念活动，振奋人心，影响较大。

积极参加省组织的"五个十"大型系列评选活动，协会购买刊登选票的《山西科技报》3000余份，广大会员积极参加、踊跃投票，活动结束，协会获组织奖。

多次组织、参与社会公益、捐赠和节日慰问活动，如向小学捐赠安全课本，灾区献爱心捐款，金秋助学，参与国家监理工程师培训机构校庆。改善协会楼两层卫生间环境；"七一"慰问身染重病的纪检干部；春节慰问省住建厅援疆干部家属；盛夏慰问刊登监理、宣传监理的《山西晚报》编辑部以及连续几年"五一"慰问省科技馆、省教育厅考试中心、省委应急指挥中心、省重点工程、省保障房工程等30余个项目监理部。

参加、组织一系列的活动，大大扩大了监理在社会和省内外的影响，同时也提高了监理的地位。

（三）开展行业分析，服务政府决策

连续几年写出《山西省建设工程监理行业发展分析报告》。《报告》通过对本省监理的当年与去年、本省同周边省的监理发展逐一分析对比，使主管部门掌握情况、明白症结、找到差距、便于决策。

多次组织明察暗访，协会领导带队，事先不打招呼，深入11个市60多个县150余个项目部明察暗访，并征求业主、质量、安全、政府主管部门对

监理的反映，最后将问题逐一反馈给企业，将情况书面报告主管部门，让政府真实地了解一线监理人员待遇低、人才缺和服务不够到位的实际情况，从而采取相应措施。

通过几年来协会的上述工作，监理在省内一些领导层中以及社会上的知名度发生变化，地位逐步提高，不了解监理、不相信监理、不重视监理的状况已在逐步扭转。

二、做事是协会工作的责任体现

服务是什么？服务的落脚点就是要为行业、为企业办实事。几年来，协会主要做了以下工作：

（一）反映企业诉求，助推省级监理上岗证颁发

监理人才缺一直是山西乃至全国业内的一大难题。针对考"国证"难的实际，企业渴望"省证"来补充，协会急企业所急，多年多次向主管部门口头汇报、书面反映企业诉求，引起省住建厅分管领导、主管处室的高度重视并得到大力支持。我省分别组织从业人员考试8次，为企业增加有证监

理从业人员近万人（省师7000余人、监理员2000余人），大大缓解了项目缺人才、上岗无证件的状况。企业十分感谢住建厅大力支持和协会的桥梁纽带作用。

主管部门还根据协会传递的企业要求，前后两批培训认定全省1900余名总监，配发证件上岗，有利开展工作。

（二）开展专项工作，提高监理从业人员素质

我们注意到，在监理影响扩大、地位提高、人员增加的同时，提高人员素质工作迫在眉睫。根据不同情况和变化的需求，协会适时开展专项工作。

一是规范资料管理。针对明察暗访中发现的项目部资料严重不规范的问题，一方面在每年培训计划中增加培训资料员的工作，另一方面召开资料管理经验交流现场会、资料管理座谈会等活动，引导、示范并要求企业加强资料工作，大力宣传协诚公司等单位的有效做法。几年工作下来，企业的资料管理工作逐步有了变化与进步。如在一次突击检查中，神剑公司项目部的资料填写、收集、管理工作受到住建部检查组的表扬称赞，企业给资料员李华

同志加薪一级。

二是举办讲座。协会针对一段时期山西工程项目发生多起安全事故的情况，及时请厅安全监管站站长利用半天时间举办安全知识讲座，并每年进行安全教育等活动，极大提高了企业领导对工程安全的高度重视。新《规范》颁布后，协会配合厅主管处室组织宣贯，聘请《规范》编委刘伊生教授为企业领导及质量、安全、市场监管、招标等部门负责人讲解，强化执行《规范》的自觉性和准确性。聘请北京市建设监理协会张元勃副会长和华中科技大学李惠强教授来晋作监理专场讲座，分别就《建筑工程施工质量验收统一标准》与通病防治为企业一百多名总工程师讲授，大家对聘请外省专家举办高水平的讲座大加赞扬，都觉得受益匪浅。

三是组织竞赛。为促进从业人员学习《规范》、掌握《规范》、应用《规范》，协会于2014年组织知识竞赛，活动中，协会认真、周密、公平、公正；企业领导带头、专人负责、层层选拔；从业人员积极参加，不甘落后，力争上游。典型事例有60岁的赵吉城在初赛、复赛中分别取得第6名和第8名优异成绩等。赛后总结回顾，讨论座谈。此工作不仅推动了学习《规范》，而且在全行业产生了极大反响，大家积极性空前高涨，有力推动了各项工作的深入开展。

四是总监研讨。针对总监是项目部的关键人物、一部之将，又结合部分总监素质不高、不够全面的情况，协会专门组织召开总监研讨会，对总监工作中面临的问题、需要应对的方面、沟通协调艺术等进行探讨，提高了总监在项目建设中的履职本领。

五是经验交流。面对中等企业难提升、小型企业难发展的状况，协会先后组织四次经验交流会，就精细管理、多元发展、打造品牌、创建学习型企业、安全生产等内容，安排走在前列的较大型企业专题交流，为全省监理发展寻找捷径、交流经验、共享资源。几年来，我省中小企业资质晋升综合、企业晋升甲级的数量逐年上升。

六是指导引导。为提高队伍整体素质，协会

前后编印《监理论文集》、《常用法律法规文件选编》、《监理安全专辑》、《书香监理活动选编》、《规范》知识竞赛专辑、《建设监理实务新解500问》、《工程质量治理专报》等10余种专辑和图书，用于指导监理业务工作，引导行业科学发展。尤其是全国发行的《500问》一书，简洁精炼，言简意赅，方便实用，行业反映该书为项目部人员工作不离身、学习不离手的一本好工具书。

七是办企业所盼。培训教育除了抓教材编写、优选教师、严格管理外，协会十分注意按规定收费，尽量减少企业培训成本。一年一度的冬季省级监理工程师培训，协会没有简单地集中到省会城市学习，而是想企业所想，带教师去各市就地培训，减少学员往返交通费、住宿费；在国家注册监理工程师的大专业培训时，协会还积极协调小专业的行业协会派老师来太原集中培训，大大减轻企业各自去外省学习费用高的问题；其他培训讲座，协会还主动协调，免费为主办方提供教室，减低学员费用，而且在不收钱的情况下，又免费为学员提供午餐；会员会费较低，丙级企业10多年来，一直坚持会费只收1000元，几年粗算下来，为企业节省费用近千万之多。

八是奖励激励。鼓励企业创精品、争上游。几年来坚持理事会表彰奖励，奖励参建共创获鲁班奖、优质奖22个工程项目的企业、总监37.5万元；奖励每年进入全国监理百强企业7.5万元；奖励在国家刊物发表论文的350余名作者10余万元；奖励作出贡献的专家、考试状元、知识竞赛前6名以及完成任务目标奖等先进32万元，近几年奖励一项共计近90万元。这些实实在在的举措和行动，会员看在眼里、喜在心上，把来自企业的会费再返还企业用于发展，协会没有收企业会费、供协会办公使用的低层次上思考，而是从有利行业发展、激励创造精品的大局着手，企业拿着"万元"奖牌站在领奖台上，脸上释放出的是光荣、骄傲、自信。

经过几年的奖励激励措施，行业呈现一片欣欣向荣的新气象，近年有8家企业首次获得参建共创鲁班奖和优质奖项目荣誉；许多会员单位越来越重视企业文化、人才建设、精细管理、多元发展、创建精品；一些从业人员从业务不精到热爱学习，从只干不思、只干不写到主动撰写、手出精品，据不完全统计，几年来，共撰写上报论文1754篇，在国家刊物发表439篇，外省刊物转载25篇，极大激发了企业和从业人员理论研讨、干事创业的积极性。

三、创新是协会工作的长青之基

习近平总书记近期讲话中批评一些领导干部，几年下来，工作依然涛声依旧……新的一年还在讲昨天的故事……教导我们不能守旧，不能老套套，不能"菜单"不变，工作必须思变、必须创新，才能发展。协会这方面主要从以下几方面工作：

（一）换角度思考

为真正掌握行业问题、矛盾、瓶颈，除多次召集业内专家进行座谈听取意见外，又专门聘请8家施工大企业总工参加，召开"跳出监理看监理"座谈会，从另一个角度听真知灼见、寻发展良策、定有效措施。

（二）"会员"评"会员"

诚信自律是政府和社会提倡的行为准则，但社会风气又一直影响企业难规范行为，一时间，你讲他不诚信，他讲你不自律，难有好的办法来公正评价。根据这种状况，协会利用大型活动、年度培训人数较多的机会，进行"行业自律大家评诚信氛围大家创"的问卷调查，通过这样面广次多的公正测评，评出诚信自律较好的企业30余家，由"点"及"面"，从而促进行业、企业的诚信自律工作。

（三）"晒脸面"法

协会是社团组织，无权无钱，许多工作没有一定办法很难推开，特别是理论研究、撰写论文工作，有些企业不重视，有的同志懒得写，积极性不高，研讨工作一度处于"拉锯"状态。考虑到协会无权无钱的实际，用批评的办法不行，容易顶牛，不利工作开展。因此，协会把上报的论文信息、发表论文情况定期对企业排队公布，结果一些企业领导觉得自己企业大、资质高，排

队顺序总在后面，挂不住，太丢人，随即逐步采取考核奖励等措施，很快有一部分企业的论文数量、质量大大提高。用这种不批评不伤和气的"晒脸面"办法和奖励激励推动，全行业的理论研究局面发生了变化，近几年，由原来每年撰写150篇、发表20篇到2014年全年论文撰写数量上升到400余篇，在国家刊物发表论文增加到近150篇。

（四）惠赠十万促学习

业务提高不仅需要实践，还需要开阔视野，学习研究。协会要求企业征订中国建设监理等刊物，特别强调拿出宴请用的"一筷子"菜钱即可订一份全年杂志，但企业还是觉得多了订不起、少了不顶用、行动迟缓。去年底，协会为配合工程质量治理行动，拿出11万元给全省近200家会员单位以及专家、两委成员、国家级监理工程师考试状元、知识竞赛最佳选手等，订阅、赠送2015年《建设监理》、《中国建设监理与咨询》、《山西建筑》三刊物470份，引导企业重视抓业务研讨；再如明察暗访发现项目部无电脑、更谈不上管理信息化的问题，2013年5月，协会花3万元向10个项目部送去10台电脑，送科技，促管理、提素质；还有《会刊》设立"会长推荐"栏目，选登有超前性观点的文章和干事创业的典型楷模。栏目很吸"眼球"，大家愿意看到一些水平之高的"山外之山"；等等。

由于这几年的努力工作，省民政厅两次授予省监理协会"5A级社会组织"荣誉称号；省人社厅、省民政厅授予"全省先进社会组织"；省工会建筑分会授予"五一劳动奖状"荣誉；省住建厅授予"先进集体"荣誉称号；中监协领导对山西工作多次予以肯定、表扬、宣传……这些成绩的取得，是各级领导重视、关心、指导的结果，是会员单位配合、支持的结果。但我们清醒地知道，我们工作还有很大差距，特别是在监理业务的研究指导上，与北京、上海等省市协会距离较大，我们要学习先进，更加努力，在省和中监协的正确领导下，确实发挥好桥梁纽带作用，为工程质量治理作出新的贡献。

中国建设监理协会2015年工作要点

2015年是全面深化改革的关键之年，也是全面推进依法治国的开局之年。中国建设监理协会工作的总体思路是：贯彻党的十八大和十八届三中、四中全会精神，围绕住房城乡建设部的总体工作要求，落实工程质量治理两年行动方案，发挥行业协会"提供服务、反映诉求、规范行为"的作用，积极应对监理行业面临的机遇与挑战，配合推动工程监理管理制度改革，加强队伍建设，强化行业自律管理，落实监理职责，提升工程监理水平，推进工程监理事业科学发展。重点做好以下工作：

一、贯彻工程质量治理两年行动方案的工作部署，落实《建设工程项目总监理工程师质量安全责任六项规定》的要求，发挥行业协会作用，加大宣贯力度，把六项规定落实到企业、落实到项目，指导监理企业规范市场行为，使治理行动取得成效。

二、配合住房城乡建设部建筑市场监管司做好监理管理制度改革的相关工作，研究提出监理费全面取消政府指导价后的应对办法，使工程监理工作与市场经济发展逐步相适应，完成交办的各项任务。

三、推进工程监理行业诚信体系和自律机制建设。制订监理企业诚信标准及评价办法，推进会员企业诚信信息共享和应用。健全行业诚信体系，倡导守信用、讲信誉、重信义的行为规范，维护公平竞争和诚信履约的市场环境，召开经验交流会，总结各地的成果和经验。发布《建设监理人员职业道德行为准则》，规范监理人员职业行为，推动监理企业和监理人员牢固树立诚信为本的行为准则。

四、改进监理工程师注册、考试及继续教育工作。协助完善监理工程师执业资格制度，进一步完善监理工程师资格考试、注册管理办法，提出解决监理工程师注册专业及注册人员身份认定问题的建议，以及解决监理工程师考试报名条件过高问题的办法，完成监理工程师资格考试和注册相关工作，不断充实工程监理从业人员队伍。加强监理人才培养，多渠道、多层次、多形式地组织开展工程监理人员的培训活动，提高注册监理工程师继续教育的质量，加强网上继续教育的管理，更新继续教育内容，提高继续教育实效，不断提高监理人员的业务素质和执业能力。

五、加强监理行业理论研究，引导监理行业健康发展。成立监理行业专家委员会，针对当前监理行业面临的热点和难点问题进行深入研究，分析问题产生的原因，提出解决问题的办法。完善监理工作标准体系，制定工程监理与项目管理服务的技术标准。创立竞争优势，推进监理工作信息化建设和技术创新，提高监理科技含量，提高监理服务质量。推进工程监理与项目管理一体化服务，树立行业品牌和样板，鼓励有条件的监理企业探索新型服务方式，开展项目前期策划服务、设计管理、造价咨询、投资咨询、招标代理、采购管理、试运行管理等多元化服务，总结推广工程监理与项目管理一体化工作成果，召开经验交流会，宣传推广先进经验，鼓励监理企业做优做强、做专做精。支持并指导工程监理企业与国际工程咨询企业合资合作，带动监理行业整体水平的提高。

六、加大宣传监理行业正面典型，引导企业文化建设。大力宣传工程监理事业取得的丰硕成果，努力赢得社会各界的理解和支持，激发行业的责任感、使命感和荣誉感，培育创新发展的企业文化。办好《中国建设监理与咨询》刊物，反映国内外行业发展动态，发布监理行业创新成果、技术进步和专业技术信息。为会员单位开展法规、政策等咨询服务活动，帮助会员企业提高业务素质、增强创新能力、改善经营管理。开展区域性和专业间的交流活动，构筑广泛的沟通和交流平台。加强同香港有关学会和国际同类行业协会的沟通联系，搭建国际交流平台，加强国际合作。

关于贯彻落实《建筑工程项目总监理工程师质量安全责任六项规定》的通知

中建监协【2015】24号

各省、自治区、直辖市建设监理协会，有关行业建设监理协会（分会、专业委员会），各专业分会：

2015年3月6日，住房城乡建设部发布了《建筑工程项目总监理工程师质量安全责任六项规定（试行）》（附后）。为了全面贯彻总监六项规定，落实工程质量治理两年行动方案，现将有关事项通知如下：

一、要立即组织宣贯总监六项规定，并落实到每一家监理企业、每一个监理项目。

二、要组织开展所有在建项目的总监理工程师培训和考核总监六项规定。

三、要求所有在建项目施工现场的监理办公室悬挂总监六项规定。

四、要配合政府主管部门做好在建监理项目总监六项规定落实情况的检查工作。

住房城乡建设部将于近期赴各地开展质量安全专项检查，重点要检查总监六项规定的落实情况，请各地方监理协会、有关行业专业委员会、分会，积极行动、认真落实，全力做好总监六项规定的宣贯工作，确保工程质量治理两年行动方案的落实，并及时向我协会报送宣贯和落实情况。

中国建设监理协会

2015年3月19日

建筑工程项目总监理工程师质量安全责任六项规定（试行）

建筑工程项目总监理工程师（以下简称项目总监）是指经工程监理单位法定代表人授权，代表工程监理单位主持建筑工程项目的全面监理工作并对其承担终身责任的人员。建筑工程项目开工前，监理单位法定代表人应当签署授权书，明确项目总监。项目总监应当严格执行以下规定并承担相应责任：

一、项目监理工作实行项目总监负责制。项目总监应当按规定取得注册执业资格；不得违反规定受聘于两个及以上单位从事执业活动。

二、项目总监应当在岗履职。应当组织审查施工单位提交的施工组织设计中的安全技术措施或者专项施工方案，并监督施工单位按已批准的施工组织设计中的安全技术措施或者专项施工方案组织施工；应当组织审查施工单位报审的分包单位资格，督促施工单位落实劳务人员持证上岗制度；发现施工单位存在转包和违法分包的，应当及时向建设单位和有关主管部门报告。

三、工程监理单位应当选派具备相应资格的监理人员进驻项目现场，项目总监应当组织项目监理人员采取旁站、巡视和平行检验等形式实施工程监理，按照规定对施工单位报审的建筑材料、建筑构配件和设备进行检查，不得将不合格的建筑材料、建筑构配件和设备按合格签字。

四、项目总监发现施工单位未按照设计文件施工、违反工程建设强制性标准施工或者发生质量事故的，应当按照建设工程监理规范规定及时签发工程暂停令。

五、在实施监理过程中，发现存在安全事故隐患的，项目总监应当要求施工单位整改；情况严重的，应当要求施工单位暂时停止施工，并及时报告建设单位；施工单位拒不整改或者不停止施工的，项目总监应当及时向有关主管部门报告，主管部门接到项目总监报告后，应当及时处理。

六、项目总监应当审查施工单位的竣工申

请，并参加建设单位组织的工程竣工验收，不得将不合格工程按照合格签认。

项目总监责任的落实不免除工程监理单位和其他监理人员按照法律法规和监理合同应当承担和履行的相应责任。

各级住房城乡建设主管部门应当加强对项目总监履职情况的监督检查，发现存在违反上述规定的，依照相关法律法规和规章实施行政处罚或处理

（建筑工程项目总监理工程师质量安全违法违规行为行政处罚规定见附件）。应当建立健全监理企业和项目总监的信用档案，将其违法违规行为及处罚处理结果记入信用档案，并在建筑市场监管与诚信信息发布平台上公布。

附件：建筑工程项目总监理工程师质量安全违法违规行为行政处罚规定

附件

建筑工程项目总监理工程师质量安全违法违规行为行政处罚规定

一、违反第一项规定的行政处罚

项目总监未按规定取得注册执业资格的，按照《注册监理工程师管理规定》第二十九条规定对项目总监实施行政处罚。项目总监违反规定受聘于两个及以上单位并执业的，按照《注册监理工程师管理规定》第三十一条规定对项目总监实施行政处罚。

二、违反第二项规定的行政处罚

项目总监未按规定组织审查施工单位提交的施工组织设计中的安全技术措施或者专项施工方案，按照《建设工程安全生产管理条例》第五十七条规定对监理单位实施行政处罚；按照《建设工程安全生产管理条例》第五十八条规定对项目总监实施行政处罚。

三、违反第三项规定的行政处罚

项目总监未按规定组织项目监理机构人员采取旁站、巡视和平行检验等形式实施监理造成质量事故的，按照《建设工程质量管理条例》第七十二条规定对项目总监实施行政处罚。项目总监将不合格的建筑材料、建筑构配件和设备按合格签字的，按照《建设工程质量管理条例》第六十七条规定对监理单位实施行政处罚；按照《建设工程质量管理条例》第七十三条规定对项目总监实施行政处罚。

四、违反第四项规定的行政处罚

项目总监发现施工单位未按照法律法规以及有关技术标准、设计文件和建设工程承包合同施工未要求施工单位整改，造成质量事故的，按照《建设工程质量管理条例》第七十二条规定对项目总监实施行政处罚。

五、违反第五项规定的行政处罚

项目总监发现存在安全事故隐患，未要求施工单位整改；情况严重的，未要求施工单位暂时停止施工，未及时报告建设单位；施工单位拒不整改或者不停止施工，未及时向有关主管部门报告的，按照《建设工程安全生产管理条例》第五十七条规定对监理单位实施行政处罚；按照《建设工程安全生产管理条例》第五十八条规定对项目总监实施行政处罚。

六、违反第六项规定的行政处罚

项目总监未按规定审查施工单位的竣工申请，未参加建设单位组织的工程竣工验收的，按照《注册监理工程师管理规定》第三十一条规定对项目总监实施行政处罚。项目总监将不合格工程按照合格签认的，按照《建设工程质量管理条例》第六十七条规定对监理单位实施行政处罚；按照《建设工程质量管理条例》第七十三条规定对项目总监实施行政处罚。

工程监理若干问题的理论探讨

华北电力大学　黄文杰

关键词　监理　定位　安全管理　合同履行

一、工程监理的定位

（一）项目管理理念的转变

我国自20世纪80年代末实行经济体制改革时起，在建筑业中首先将工程项目的建设施工推向市场经济，采用承发包模式，以合同为依据进行管理。其原因是自新中国成立以来，借鉴苏联的企业分工，将勘察、设计和施工的企业分别设置，而工程施工的市场范围广泛、参与市场的主体较多。

计划经济条件下的工程项目管理只有施工质量管理一个目标，工期的长短不是关键目标，投资结余上交国家，建设资金不够由国家拨付。转入市场经济后，首先实行项目法人责任制。依法成立的工程项目法人要从工程项目的策划开始，对建设项目的资金筹措、勘察设计、工程施工、项目移交后

的运行管理全面负责，对工程项目运行的保值、增值承担全部责任。项目建设的管理目标已从单一的质量管理，扩展为对投资、进度、质量三个目标进行全过程、全方位的管理。由于管理目标的复杂化，要求管理水平更加专业化。参考国际惯例，借鉴FIDIC的工程师对施工阶段的管理模式，政府部门设计并推行了工程监理制度，力求对施工阶段的管理走向科学化和制度化，避免项目法人自行管理容易出现的只有一次教训而无二次经验造成的失误损失，工程监理作为专业化的管理队伍由此应运而生。

（二）建筑法对工程监理的定位

我国的工程建设领域先后出现了咨询工程师、监理工程师、造价工程师等职业资格，但只有监理工程师在法律上有明确的定位。1997年颁布的

《中华人民共和国建筑法》中明确规定，"国家推行建筑工程监理制度"，"建筑工程监理应当依照法律、行政法规及有关的技术标准、设计文件和建筑工程承包合同，对承包单位在施工质量、建设工期和建设资金使用等方面，代表建设单位实施监督"。"工程监理单位应当根据建设单位的委托，客观、公正地执行监理任务"。明确要求工程监理单位应进行三大目标的管理。

（三）施工合同范本对工程监理的定位

为了有序、规范地推行工程监理制度，1999年建设部和国家工商行政管理局联合颁发了《建设工程施工合同（示范文本）》（GF-1999-0201）。施工合同示范文本颁布后的十几年中，在全国的工程施工阶段对实行合同管理制、

推进施工管理的规范化、科学化起到了重要的引导作用。

由于施工合同是我国借鉴国际惯例结合国情编制的第一部合同范本，不可避免地在合同文本的组成、监理工程师的定位、保修期等方面存在一定的瑕疵。

施工现场采用的建设项目合同管理模式与选用的合同类型密切相关，施工合同范本合同条款对参与合同管理有关各方的规定，决定了项目施工阶段的管理模式。施工合同范本借鉴国际通用施工合同中采用的工程师概念，定义为"工程师：指本工程监理单位委派的总监理工程师或发包人指定的履行本合同的代表，其具体身份和职权由发包人承包人在专用条款中约定。"

在一个施工合同履行阶段由两个工程师共同负责管理，并非范本编制者的初衷。起草范本的背景是落实建筑法推行工程监理制的要求，我国工程监理处于起步阶段，大量的施工项目仍是发包人自行管理，为了规范建筑市场参与者的行为，最初编制了两个施工合同范本，一个是参照FIDIC《土木工程施工合同条件》（1988年第四版）由发包人委托的监理单位负责施工合同履行的管理施工合同范本；另一个是发包人不委托监理自行管理的施工合同范本。在征求意见会上（昆明会议），专家们提出两个范本的条款责任和管理程序基本相同，只是部分条款的主语用发包人（没有监理的项目）或监理工程师（有监理的项目），建议合并为一个范本，在条款的应用中予以说明。起草者接受了专家的建议，但没有处理好条款的编制的精细化，以至形成了两个工程师同处于一个施工合同之中。

按照合同法和国际惯例施工合同履行管理可以分为由发包人和承包人的二元管理和以工程师为核心的发包人、工程师、承包人的三元管理模式。而施工合同范本形成了二元半的管理模式，导致范本应用出现了很多弊端：

1.不授予工程监理对进度和造价管理的控制权

由于存在两个工程师，在很多项目施工阶段订立合同时，在专用条款内约定监理工程师只负责施工的质量和安全管理，发包人代表负责进度和支付管理。这样的管理责任约定，一方面违背了建筑法中对监理职责的要求，另一方面由于工程监理没有支付的审核权，减弱了对承包人施工工艺和质量的监督、控制手段的力度。出现工程监理认为工艺或质量存在缺陷，甚至承包人有偷工减料行为要求返工时，承包人无视监理工程师的指令直接找发包人协商，发包人从缩短建设工期或节省投资的角度予以质量认可，并支付相应的工程款。第三是只授予监理工程师对质量目标的控制，不能对施工阶段进行全方位管理，而进度、造价和质量三大目标存在依存关系，一个控制目标的调整必然涉及另两个控制目标的变动，且三个控制目标之间不是简单的单调增减关系，因此不利于施工项目的最优管理。

2.两个工程师并存的主次关系

由于示范文本规定两个工程师的职权由发包人规定并写入专用条款之中，因此施工阶段实际以发包人的工程师为主，导致经常出现发包人采购不合格的材料，发包人代表（也是工程师）要求承包人使用，工程监理只能起到提醒的作用，不能进行有效的质量控制。

3.合同争议的解决程序

施工合同履行过程中发生合同争议既是当事人不愿发生的情况，也是一种正常现象。为了不因合同争议而影响正常的工程施工，FIDIC的《土木工程施工合同条件》对解决合同争议的基本主导思想是通过调解解决。合同条款规定，发包人和承包人都不能解释合同，而由工程师解释，避免当事人各自站在自己立场对合同条款的解释引发争议或使争议激化。工程师对合同争议的调解可以及时进行，减少对项目施工的影响。工程师的解释就是判定事件责任的归属，双方同意接受，则工程师的解释对双方有约束力；任何一方不同意工程师的决定可提交仲裁，并应发出提交仲裁通知后争执双方设法友好解决争端，仲裁机构在收到申请仲裁的意向通知后的56天或之后开始仲裁。即FIDIC规定的解决合同争议的程序是：工程师决定→双方协商→仲裁。

施工合同示范文本规定，"当合同文件内容含糊不清或不一致时，在不影响工程正常进行的情况下，由发包人承包人协商解决。双方也可以提请负责监理的工程师做出解释。双方协商不成或不同意负责监理的工程师的解释时，按本通用条款37条关于争议的约定处理"。合同范本采用合同法规定的解决合同争议的方式，首先由施工合同当事人协商解决。工程师对合同的解释不是必经程序，其原因之一是发包人的代表也称为工程师。因此施工合同范本规定的解决合同争议的程序是：双方协商→（工程师解释）→仲裁或诉讼。此程序因不利于合同争议的及时解决，容易导致激化矛盾而影响现场施工的正常进行。

4.虚设监理单位

有些工程的发包人总愿意自己全面

控制工程项目的施工，依据施工合同范本的规定，发包人派驻施工现场的代表也是工程师，而不愿聘请社会监理单位担任工程师。由于行政主管部门的部门章程规定，没有监理单位的工程不能获得开工许可，因此出现了虚设监理单位的现象。这种情况既不利于工程建筑市场的有序发展，也不利于工程监理制的执行。

二、工程监理的目前状况

（一）安全管理

工程项目建设进度的快慢、投资的多少均属于发包人和承包人的市场行为，行政主管部门不做过多干预。而建设项目的质量和安全关系到民生的利益和社会的稳定，则属于行政主管部门的职责范畴。在《建设工程质量管理条例》和《建设工程安全生产管理条例》颁布后，有些地方发布的规范性文件和某些学者发表的论文提出，工程施工阶段工程监理应针对投资、进度、质量、安全四大目标进行控制。这些论文的出发点是好的，但在工程项目管理的理念上造成了控制目标和安全责任的混乱，有必要予以厘清。

1.三大目标控制还是四大目标控制

现代中外项目管理理论中，管理目标均为投资、进度、质量三大目标管理。三个管理目标之间存在必然的联系：投资与质量呈正相关关系，质量与进度呈负相关关系，进度与投资在一定范围内呈双值关系。如果加入安全作为管理目标之一，则与进度呈负相关关系；与投资也是在一定范围内呈正相关关系，而与质量的关系则比较模糊。关于质量与安全的关系，在ISO9000全面质量管理中可以找到答案，安全管理属于全面质量管理的一个组成部分，全面质量管理的理念是没有安全就不能保证质量。因此监理的管理目标仍应为投资、进度、质量三大控制目标。

2.安全控制还是安全监督

依据《中华人民共和国安全生产法》颁布的《建设工程安全生产管理条例》中，对工程监理的安全管理责任包括三个方面：一是"工程监理单位应当审查施工组织设计中的安全技术措施，或者专项施工方案是否符合工程建设强制性标准"，未进行审查承担相应的法律责任。二是"工程监理单位在实施监理过程中，发现存在安全事故隐患的，应当要求施工单位整改；情况严重的，应当要求施工单位暂时停止施工，并及时报告建设单位。施工单位拒不整改或者不停止施工的，工程监理单位应当及时向有关主管部门报告"。监理单位发现安全事故隐患没有及时下达书面指令，要求施工单位进行整改或停止施工，以及未及时向建设单位和建设主管部门或行业主管部门报告，承担相应的法律责任。三是"工程监理单位和监理工程师应当按照法律、法规和工程建设强制性标准实施监理"，否则承担法律责任。

从用词的含义来看，"控制"是主动行为，"监督"是被动行为。工程监理对施工工程的管理可以通过协调、变更等手段，达到节约建设资金、保证或提高工程质量、缩短建设工期的目标，所以称为三大目标控制。施工组织设计中安全技术措施的制定以及组织安全施工是承包人的责任，在关于《落实建设工程安全生产监理责任》的若干意见（建市【2006】248号）文中，对安全监理的用词分别为审查、检查、审核、督促，即工程监理未按安全条例规定履行监理责任导致的安全事故承担连带责任，因此工程监理的安全管理职责是监督。发生工程安全事故的原因可能是人为因素造成的，也可能是外界条件导致的。人为因素包括施工组织设计中的安全措施不合理或不完善；承包人的施工未落实安全措施的要求或私自改变预定的安全措施等，工程监理只能采取监督的手段要求承包人改正。外界的环境条件变化或不可抗力的发生，工程监理在事故发生前往往无法预见或采取有效措施，只能在事故发生后及时发布指令减小损失的扩大。基于上述理由，在《建设工程监理规范》中提出"安全生产管理的监理工作"，《建设工程监理合同》（示范文本）中提出"履行建设工程安全生产管理法定职责的服务"，均体现工程监理对安全管理采用监督的手段，而不是控制的手段。

（二）监理任务的委托范围

监理属于项目管理的一部分，限于施工阶段的项目管理。很多工程发包人依据建设部和国家工商行政管理局联合颁布的《建设工程施工合同（示范文本）》，将施工项目的投资控制和进度控制留在自己手中，仅委托工程监理进行质量控制和安全监督，从项目管理的角度存在众多弊端。

在三大管理目标的关系中，针对任何一项目标采取的措施，均会影响其他两个目标的变化。质量与投资（费用）呈正相关关系，即质量提高一定会增加费用；进度与质量呈负相关关系，即要求提高质量，由于施工要精益求精会影响工期进度；进度与投资之间在进度的某一范围内呈双值关系，进度过慢，承包人施工成本中与工程量不直接相关的不变费用会增加；而进度过快将会增加赶工费用。由于三个目标之间关系的不一致性，因此不可能达到工期最短、投资最少、质量最优的理想目标。针对具体施工项目而言，按照项目的目标设计，重点侧重某一目标进行严格控制，另两个目标在保证规范要求和设计目标的前提下进行控制（不一定是最优目标控制）。

（三）工程监理处理合同履行有关问题的公正原则或公平原则

《建筑法》第三十四条规定："工程监理单位应当根据建设单位的委托，客观、公正地执行监理业务"；FIDIC《施工合同条件》（1999版）中译本的第3.5条要求："工程师应对所有有关情况给予应有考虑后，按照合同做出公正的确定。"《建设工程监理规范》（GB/T 50319-2013）1.0.9款规定，工程监理单位应公平、独立、诚信、科学地开展建设工程监理与相关服务的活动。上述文件中对工程监理履行监理职责的原则有"公正"处理和"公平"处理两种不同的提法，这也是行业内经常讨论的问题。从字面的含义理解，公正应该是不偏不倚，而公平则应是合情合理。

公正处理有关事项的前提是主体应与涉及处理问题的有关各方没有任何利益关系，如法官审理案件应秉持公正原则。工程监理单位接受发包人委托，代表发包人对承包人的施工实施监督，从发包人处获得监理酬金，不能从承包人处获得任何好处，因此对工程监理处理施工合同履行过程中的有关事项应遵从公平原则，而非公正原则。公平原则是以发包人的工程按质、按量、按期完工为目标，依据法律、法规、标准、规范和施工合同条款为依据，公平合理地处理施工过程中的有关事项。

推行工程监理制的初期，我国法规

的制定、合同范本的编制较多参考国际惯例中的FIDIC管理模式。1997年颁布的《建筑法》中要求监理单位"客观、公正地执行监理业务"，即借鉴FIDIC《土木工程施工合同条件》第2.6款，"要求工程师要行为公正"。2011年颁布修改的《建筑法》对这一提法未作改动，因FIDIC《施工合同条件》（1999版）中译本中仍为公正处理。但FIDIC对两个施工合同条件实际上已做出了实质性的改动。《土木工程施工合同条件》（1988年第4版）中，对工程师处理有关事项原则的用词为Impartially，而《施工合同条件》（1999年新1版）中用词为Fair。在英汉字典中，Impartially作为副词的解释为公正地、不偏袒地；fair作为副词的解释有公平地和公正地两种解释。中文版的译者没有充分考虑两个版本文件的区别，仍译为公正。FIDIC在介绍《施工合同条件》的编制特点时，特意提到舍弃了工程师处理合同有关事项的公正原则。因此笔者认为，工程监理在施工合同履行管理过程中应秉承公平原则，而非公正原则。

（四）施工合同履行阶段的三元管理和二元管理模式

依据我国《合同法》的原则，合同履行阶段应由签约的当事人双方进行管理。施工合同条款规定的权利义务和管理程序，决定合同履行期间的管理模式。按照国际惯例，则有以FIDIC《施工合同条件》为代表的三元管理模式（发包人、承包人、工程师），世界银行的合同文本也采用三元管理模式；以NEC的《新施工合同条件》为代表的二元管理模式（雇主的项目经理和承包商），发达国家大多采用，如美国AIA的标准合同等。

1.三元管理与二元管理的应用条件

（1）三元管理模式

FIDIC编制的标准施工合同主要是针对不发达国家和发展中国家的业主筹集到一笔建设资金，准备实施工程项目的建设而编制的合同条件。雇主所在国的法制不够健全，建筑业和制造业比较落后，工程项目的设计、建造主要由国外的承包商实施。由于雇主的项目管理水平比较低，为了避免被承包商蒙骗，需要请一个项目管理经验丰富的工程师帮助进行施工期间的合同履行管理。

FIDICD的管理模式建立的是以工程师为施工阶段合同履行管理核心的三元管理，在工程师做出商定或确定前不允许雇主与承包商直接协商。一方面避免雇主的指令与工程师的指令冲突，使承包商无所适从，另一方面减少雇主和承包商站在各自的立场上解释合同而引发合同争议。9部委联合颁布的《标准施工招标文件》的"合同条款"即采用这一管理模式。

（2）二元管理模式

NEC的《新施工合同条件》是由雇主的项目经理与承包商在施工合同履行期间的二元管理模式，几乎所有与承包商的交涉均由项目经理处理。在雇主方的项目管理机构中，也有雇主聘用的监理工程师（Supervisor），其责任仅为对质量进行监督和管理，不直接介入财务问题，不负责进度控制。监理工程师与项目经理的行为相互独立，职责主要是负责对材料的测试、施工质量的检查，参与指出和要求承包商改正有缺陷的工程部位，在项目经理签发缺陷证书时证实尚存在的缺陷。

二元管理的应用背景是社会的法制体系比较健全、诚信体系完善，任何一方的违法或违规行为都要付出经济损失或在未来建筑市场中损失信誉，违法成本大大高于守法成本，合同涉及的有关各方都严格遵循守法、依规、诚信地履行合同约定的义务原则。三元管理是以合同价格为焦点，在保障施工工程项目按期、按质完成的条件下，雇主希望尽可能减少工程造价，承包商力求获得更多的利润。二元管理的基本主导思想是共赢，合同中设立了三方面的条款作为保障机制：

1）建立合作伙伴关系。从合作共赢的角度出发，由于参与工程项目管理的有关方较多，影响施工正常进行的因素可能来自各个方面，建立合作伙伴关系的有关各方包括雇主、项目经理、监理工程师、承包商、分包商供货商、独立裁决人和其他有关方。除了其他有关方之外，在相应合同中均有明确伙伴关系的条款，其他有关方由雇主出资签订伙伴关系协议。伙伴关系协议明确各方工作应达到的关键考核指标，以及完成考核指标应获得的奖励。如果因伙伴关系中某一方的过失或过错造成损失，各方通过双边合同的约定来解决。对违约方的最严重惩罚是将来不再给他达成伙伴关系的机会，即表明其诚信和能力存在污点，对今后项目的承接或参与均会产生影响。参与团队主要由有关各方组成的核心组负责协调伙伴关系成员之间的有关事项，团队成员有义务向雇主或其他成员提示施工过程中出现的错误、遗漏或不一致之处，尽早防患于未然。

2）建立风险预警机制。项目经理或承包商任何一方发现有可能影响合同价款、推迟竣工或削弱工程的使用功能情况时，应立即向对方发出早期警告，而非等事件发生后进行索赔。项目经理和承包商都可以提出召开早期预警会议，对方同意后邀请有关方参加会议，可能包括分包商、供货商、公用事业部门、行政管理机关代表等。与会各方在合作的基础上提出建议措施，寻求对受影响的所有各方均有利的解决方案，确定各方应采取的行动。项目经理发出的指令或变更导致合同价款补偿时，如果认为有经验的承包商未就此事件发出过早期警告，可以适当减少承包商应得的补偿。

3）独立裁决人解决合同纠纷。由于二元管理发生合同争议时，项目经理和承包商往往从自己立场解释合同，所以应当有第三方进行调解。订立合同时，当事人双方通过协商后确定与任何一方没有任何利益关系的独立裁决人判定事件的责任归属。对裁决人的责任认定没有异议，裁决人的判定对双方具有约束力；任何一方不接受裁决意见，再提交仲裁解决。

2.合同履行管理模式与施工合同范本的关系

工程项目管理模式确定后，再选择相应的标准施工合同文件或合同范本。

（1）标准施工招标文件的合同条款

2007年9部委联合颁发的《标准施工招标文件》是根据我国建筑业的国情编制的标准文件，不同于各部委或行业协会颁布的合同示范文本，9部委以联合部令形式签发的第56号令要求强制性使用。《招标投标法实施条例》中要求："编制依法必须进行招标的项目的资格预审文件和招标文件，应当使用国务院发展改革部门会同有关行政监督部门制定的标准文本。"

《标准施工招标文件》中的合同条款参考FIDIC《施工合同条件》，合同履行阶段采用三元管理模式。

（2）建设工程施工合同示范文本

2013年住房城乡建设部和国家工商行政管理总局联合颁发的《建设工程施工合同（示范文本）》（GF-2013-0201）参考了标准施工招标文件中的合同条款。但大量管理程序的条款，将标准施工合同中应由监理工程师行使职责的条款代换为发包人。这一主体的改动，导致管理模式的变化。示范文本在质量管理方面与标准合同条款一致，而进度管理、投资管理和安全监督的控制权保留在发包人方面，监理工程师扮演二传手的角色。前已述及，三大目标控制具有联动效果，任何一项控制目标的改动均会对另两个目标产生影响，而变化具有非一致关系的特点，因此这种发包人和监理工程师的分权管理不利于项目管理目标达到最优。

前一阶段少数省市试行将监理的管理纳入发包人的管理，实际实行二元管理模式。工程施工合同履行管理采用二元管理是未来发展的方向，但需要完善的外部社会环境条件，且合同中必须有诚信伙伴关系的保证措施，而不是简单使用《建设工程施工合同（示范文本）》中的管理模式。

三、工程监理的未来发展思考

（一）项目建设的全过程、全方位管理

施工阶段的监理属于项目管理的一部分工作已成为大家共识。统计资料显示，施工阶段最优的管理可以节约项目总投资的4%左右，设计方案的优化最大可以节约总投资的20%左右，因此工程项目管理应是全过程、全方位的管理。当我国社会诚信体系完善后，社会成员的个体会严格、自觉按法制、合同约束自己

的行为，工程监理将不再是施工的监工，回归到为委托人提供咨询服务的角色。

工程项目管理应是全寿命期的管理，而目前我国将设计阶段的管理归于咨询服务，施工阶段的管理定位为监理。这种人为的割裂对工程项目立项确定的目标、设定的功能、设计的主导思想往往不易被监理工程师深入理解，在施工阶段优化管理中得不到充分的贯彻。

监理公司应向项目管理公司发展，增加胜任设计监理的人员，提供项目管理全方位的咨询服务。监理公司有丰富的施工阶段管理经验，可依据以往按图纸施工遇到的无法施工或大幅度增加施工成本的问题，在监理工程设计时提供合理的建议；可以采用快速路径法，综合协调设计与施工的配合，这两个方面是监理公司相对于目前设计咨询公司的优势。

（二）监理协会的职能

中国建设监理协会作为社团法人，应发挥推进全国监理行业发展和作为建设主管部门助手的两项主要功能。国际咨询工程师协会（FIDIC）、英国土木工程师学会（ICE）、美国建筑师学会（AIA）等国际著名协会和学会，编制了大量的管理性文件，不仅规范了本国工程项目管理，而且提供了管理手段，对国际工程界产生了重大的影响。

目前我国正在使用的《标准施工招标文件》、《标准设计施工总承包招标文件》、《简明标准施工招标文件》是以9个部委部长令的形式发布；《建设工程施工合同（示范文本）》、《建设工程监理合同（示范文本）》则是由住房和城乡建设部与国家工商行政管理总局两个部委文件发布。从形式上看，国家部委发布的文件具有权威的效应，有助于推动建筑市场的规范化管理。但这种行政手段管理市场的方式是否延续，是一个值得探讨的问题。政府部门的职责主要是引导市场的有序发展、监管市场的运作、处罚市场中的违规违法行为，对市场中的运作细节缺少深入的了解。协会和学会对本行业的市场运作有全面深入的认识，对存在问题有全面的了解，对改进市场的管理行为和程序化有独到的认识。参照国际惯例，施工合同条件、ISO9000全面质量管理体系、职业道德准则等均由行业协会或学会编制，得到政府主管部门的认可。中国建设监理协会应在加强行业管理、推进行业自律、推进建筑业的健康发展等方面开展更多的工作。

正确认识和运用监理资料管理工作　提高监理工作管理水平

太原理工大成工程有限公司　高春玉　孙毅力

摘　要　监理资料管理工作做好了，对搞好整个监理工作能起到积极的推动作用。监理人员要正确认识监理资料管理工作，科学地运用监理资料管理工作，提高监理工作管理水平，推动监理工作步入规范化、标准化、制度化、科学化的轨道。

关键词　认识　运用　监理资料　提高　监理水平

一、如何正确认识监理资料管理工作？

监理资料管理是指：在工程监理过程中，为了做好"三控、两管、一协调"工作，本着真实、适时、适用、规范的原则，编制、收集、运用、归档各种形式的监理文件资料的过程。监理资料所起的作用是：对监理工作的计划、组织、控制、指导与总结。监理资料管理工作做好了，能够明显提高监理工作的管理水平，推动监理工作步入 规范化、标准化、制度化、科学化的轨道。反之，在监理工作过程中就难免出现心中无数、杂乱无章、不知所措、束手无策的被动局面。

二、避免对监理资料管理工作不正确的认识和错误的做法

由于对监理资料管理工作的认识不足，或因对监理资料管理知识的掌握不够，致使在监理资料管理过程中出现编制监理资料"图形式、走过场"，编制的监理资料内容缺乏针对性、适用性；资料的形成与收集滞后；资料记载失真；事后补办资料等错误的做法。这样做，失去了监理资料管理工作的实质性意义，导致监理工作无头绪、无目标、无标准、无成效，有时甚至会形成监理责任隐患。因此，监理人员对监理资料管理工作要引起高度重视，在实际工作中坚决杜绝对监理资料管理工作不正确的认识和不正确的做法，通过对监理资料管理工作的正确认识和运用，体现出监理资料对监理工作的计划性和指导性，拉动整个监理工作上水平、上台阶、上档次。

三、如何正确运用监理资料管理工作？

按照《建设工程监理规范》（GB/T50319-2013）的规定，监理资料包括勘察设计文件、建设工程监理合同及其他合同文件、监理规划、监理实施细则……工程质量评估报告及竣工验收监理文件资料、监理工作总结等十八项内

容，而不同的监理资料对监理工作的指导意义有所不同，为此，本文对以下监理资料的管理和运用分别阐述一下自己浅薄的观点，以起到抛砖引玉的作用。

1.施工合同文件资料的管理和运用：

项目监理部进场后，应将该项目的施工合同文件资料进行及时收集（由建设单位提供），并要熟练掌握合同文件中双方约定的工程承包范围、合同工期、工程质量与验收、合同价款与支付、安全施工、工程变更、材料设备供应、竣工验收与结算、违约、索赔和争议及工程质量保修等双方的权利和义务等内容，这些都是我们进行监理工作的重要依据。监理工程师要熟练掌握和正确运用施工合同，指导监理工作的正常有序开展。

2.关于对《监理规划》、《监理实施细则》的正确认识和运用：

2.1 《监理规划》的正确认识和运用：

《监理规划》是在签订建设工程监理合同及收到设计文件后由总监理工程师组织编制，并经监理单位技术负责人审批后，应在召开第一次工地会议前报送建设单位。是项目监理机构全面开展建设工程监理工作的指导性文件。

《监理规划》应结合工程实际情况，明确项目监理机构的工作目标，确定具体的监理工作制度、内容、程序、方法和措施。编制好、运用好《监理规划》，监理工作就具备了前瞻性和预控性，因此，总监理工程师在组织编制《监理规划》时，应该熟悉项目的基本概况和主要特点，明确监理工作内容和监理工作范围；掌握监理工作程序和监理工作方法；制定切实可行、行之有效的监理工作制度，其内容要具有针对性、可行性、可操作性，也就是说，通

过对《监理规划》的编写，总监理工程师就应该对本项目监理工作的全过程，什么时候应该干什么工作？怎么干？等问题做到心中有数。工作起来井井有条、有条不紊、事半功倍。

2.2 关于对《监理实施细则》的正确认识和运用：

《监理实施细则》是在相应工程施工开始前或对专业性较强、危险性较大的分部分项工程，由专业监理工程师以《监理规划》、工程建设标准、工程设计文件、施工组织设计、（专项）施工方案等为依据进行编写。由总监理工程师审批后实施，《监理实施细则》的编写要体现专业工程的特点、监理工作流程、监理工作要点、监理工作方法及措施等内容。

《监理实施细则》的运用，是所监理的专业工程施工过程中，专业监理工程师依据《监理实施细则》开展监理工作。比如在对本专业工程的检验批或分项工程验收时，监理工作的流程是：先由施工单位自检合格并签字后再向项

目监理部报验，项目监理部接到报验单后，首先要对验收记录表上填写的施工、验收标准是否正确、施工单位自检人员签字是否真实完整进行审核，在审核合格的基础上由专业监理工程师组织验收，验收合格，专业监理工程师签字认可，施工单位进行下道工序的施工，验收不合格，专业监理工程师提出整改意见，要求施工单位进行整改，整改完毕，施工单位自检合格并签字后，重新报验，程序同上。

编好用好《监理规划》和《监理实施细则》，对提高监理工程师的执业水平和执业技能，能起到立竿见影的促进作用，相反，如果对《监理规划》、《监理实施细则》认识不足，编制时照抄照搬、图形式、走过场、其内容对监理工作缺乏针对性和实用性而形同虚设，就失去了《监理规划》和《监理实施细则》的作用，不利于规范化、标准化、制度化、科学化地开展监理工作，不利于监理工程师的执业水平和执业技能快速、普遍的提高。

3.施工组织设计、（专项）施工方案报审资料审核的作用和意义：

施工组织设计、（专项）施工方案是施工单位对所承包工程进行施工的总体规划，其审查内容包括："编审程序应符合相关规定。施工进度、施工方案及工程质量保证措施应符合施工合同要求、工程质量保证措施应符合有关标准。资金、劳动力、材料、设备等资源供应计划应满足工程施工需要。安全技术措施应符合工程建设强制性标准。施工总平面布置图应科学合理"。项目监理机构审查施工单位报审的施工组织设计、（专项）施工方案，符合要求的，应由总监理工程师签认审核意见后报建设单位审批。超过一定规模的危险性较大的分部分项工程的专项施工方案，应检查施工单位组织专家进行论证、审查的情况，以及是否附具安全验算结果。施工组织设计、（专项）施工方案的编写依据主要包括设计文件、有关标准、验收规范。由此看来，监理工程师对施工单位施工组织设计、（专项）施工方案审核具有如下作用和意义：一是通过对施工单位施工组织设计、（专项）施工方案合法性、规范性审核，会使监理工程师进一步熟悉相关标准、验收规范，为有效开展监理工作奠定了工作基础。二是通过对承包单位质量保证措施、安全技术措施是否符合相关规定，是否与本项目相适应的审核，督促承包单位制定有效的组织措施、技术措施、管理措施。三是通过对施工组织设计、（专项）施工方案中安全技术措施的审核，提高承包单位的安全意识，预控和避免安全质量事故的发生。经审批、签认的施工组织设计、（专项）施工方案是承包单位进行

项目管理和监理单位进行项目监理的重要依据。

4.监理通知单的运用和管理：

监理通知单是监理工程师针对承包单位在施工过程中出现的各种问题，要求承包单位改正的指令性文件，具有一定的权威性，一般来讲，发生如下情况时要发出监理通知单：承包单位违规操作容易引发安全、质量事故的；承包单位在工程上使用不合格的材料／设备/构配件的；承包单位施工过程中出现质量问题需要进行整改的。监理通知单发出后，承包单位在规定的时间内进行整改并回复，监理工程师对承包单位的整改和回复进行检查验收，若合格，监理工程师要给予签认，若不合格，监理工程师应再次提出整改意见，承包单位应继续整改和回复，直至合格。由此来看，监理通知单既是对监理工程师工作的有效记载，又是监理工程师正常规避监理责任的有效手段，监理工程师因情况紧急，现场发出的口头指令及要求，事后也要采用书面，予以确认。在日常

监理工作中监理工程师要会正确的运用监理通知单和监理通知回复单，不断提高监理工作效率。

四、结束语

凡事预则立，不预则废。监理文件资料是实施监理过程的真实反映，既是监理工作的根本体现，也是工程质量、生产安全事故责任划分的重要依据，项目监理机构应做到"明确责任，专人负责"。监理文件资料应准确、真实、完整。监理资料管理工作做好了，对提高监理工程师的执业水平和提高监理企业的管理水平均有积极地推动作用，监理人员要正确认识监理资料管理工作、科学地运用监理资料管理工作，提高监理工作管理水平，推动监理工作步入规范化、标准化、制度化、科学化的轨道。有利于推动监理行业健康发展，克服视监理资料管理工作为软管理的思想，以搞好监理资料管理工作，带动监理管理工作的向前发展。

监理价格全面放开与完全市场化的问题探讨

张修寅

摘 要 本文就最近国家发展改革委员会全面放开工程监理服务价格对行业发展的利与弊进行了初步分析，并对监理市场的反应进行了预测；同时对监理行业的市场化程度、监理价格全面放开后与完全市场化问题进行了粗浅的探讨。本文提出的观点，仅期望与业内人士共同研究。

关键词 监理价格　市场预测　完全市场化

2015年2月11日，国家发展改革委员会印发了《关于进一步放开建设项目专业服务价格的通知》（发改价格〔2015〕299号），在2014年7月已放开非政府投资及非政府委托的建设项目专业服务价格的基础上，全面放开政府投资和政府委托的、包括工程监理在内的实行政府指导价管理的5项建设项目服务价格，实行市场调节。此次进一步放开价格后，我国建设项目服务价格将完全由市场竞争形成。

一、放开工程监理服务价格的利与弊

国家发展改革委员会放开建设项目专业服务价格的理由是建设项目工程咨询服务基本具备了由市场决定价格的条件，并强调价格放开后，服务机构将顺应市场竞争、供求状况变化，为服务对象提供更高质量、层次多样的服务，满足不同的需求；服务对象也能够综合考虑服务质量、品牌、价格等因素，选择服务机构。同时，建设项目工程咨询服务属于智力密集型服务行业，放开价格将有利于调动企业创新积极性，增强我国工程咨询服务业发展的内生动力，提高在国际市场上的核心竞争力和地位。

本人认为，全面放开工程监理咨询服务价格有以下利与弊：

有利的一面：

1.加速了工程监理企业走向完全市场化的步伐；

2.倒逼监理企业加快转型升级并提高服务质量；

3.体现了"物竞天择，适者生存"和"优胜劣汰"的自然法则；

4.有利于进一步促进行业价格自律；

5.对业主是一个利好消息。

不利的一面：

1.对部分监理企业来说无异于釜底抽薪或雪上加霜；

2.可能加剧短期性的监理市场恶性或无序竞争；

3.对政府投资工程项目的质量、安

全是一次严峻考验；

4.政府可能以此为契机调整必须实施监理的工程范围；

5.将增加政府工程代建单位的工作量或工作难度。

本人认为，深入推进工程监理咨询服务业的改革发展是一个大趋势，监理的资源只有在竞争中才能得到充分发掘，只有充分发挥监理市场在资源配置中的决定性作用，才能形成统一开放、竞争有序的市场体系。从长期来说，应该是利大于弊，从短期来说，对监理企业是一种阵痛、失落、无助。如果监理企业顺势而为，将有望跳出监理恶性循环的怪圈。

二、全面放开工程监理服务价格后的市场反应预测

工程监理咨询服务全面实行市场调节价后，由委托双方依据服务成本、服务质量和市场供求状况等协商确定服务价格，监理企业缺少了"尚方宝剑"和向业主"讨价还价"的依据，预计监理市场将有以下反应：

1.不同的地区、不同的企业将有不同的反应。依赖政府指导价程度较高，执行政府指导价较好的地区，对全面放开监理服务价格则反应强烈；对相当一部分没有严格执行或没有执行监理取费政府指导价的地区，全面放开监理服务指导价肯定有影响，但影响不大，因为一些政府物价主管部门一直疏于工程专业服务价格这方面的监管。

2.部分市场化程度较高的监理企业将反应平静。因为一些中小企业难以承接到政府工程，基本服务于社会工程项目监理咨询，尤其是放开非政府投资及

非政府委托的建设项目监理咨询服务价格后，在监理市场上摸爬滚打，议价能力比较强，有的企业已有经常性的合作伙伴，已适应完全市场条件下的运作，所以再次放开政府投资及政府委托的工程监理服务价格，对这部分企业影响不大，可谓波澜不惊。

3.对于一些既做社会工程又做政府工程监理业务的企业来说，全面放开监理取费价格对企业收益也有较大影响，但不存在"恐慌"心理，因为已经积累了一定的市场议价能力，只是部分调整经营策略。

4.部分企业的反应除了"无可奈何花落去"之外，第二反应就是监理市场上如何报价。有些监理企业已经采取按需配置监理人员报价办法，即：总监理工程师月工资费用、监理员月工资费用，另加企业管理费用。按照业主需求配置监理人员。

5.政府代建单位（业主）将有更多运用价格杠杆激发市场活力、择优选定监理企业的机会。

6.部分监理企业将采取"降价求业务"的办法，或向建设单位提供增值服务。

7.部分社会信誉好、服务质量高的监理企业将运用服务价格自主权，有可能突破原来的政府指导价的监理取费上限，因为服务的价值确定商品的价格。不过政府工程项目的监理服务取费需要层层审批和专业审计，能突破原来政府指导价的几率很小。

8.监理行业协会或专业协会将成为规范业内服务价格的关键环节，倒逼更多监理企业主动参与行业价格自律。协会将根据监理服务成本测算，制定行业内部参考价格。

三、全面放开监理服务价格与完全市场化的关系

市场化是利用价格机能达到供需平衡的一种市场状态。市场化是以建立市场型管理体制为重点，以市场经济的全面推进为标志，以社会经济生活全部转入市场轨道为基本特征的。市场化是在开放的市场中，以市场需求为导向，以竞争的优胜劣汰为手段，实现资源充分合理配制，效率最大化目标的机制。

竞争是市场的灵魂，市场能够有效配置资源、形成兼容的激励机制的根本原因在于通过竞争形成的价格能够反映供求状况（即资源的稀缺程度），只有通过公平竞争才能形成这个价格信号，从而才能实现市场所有的作用机制。

进入21世纪以来，我国的工程监理行业步入半市场化状态，仅部分监理取费执行政府指导价。迄今为止，监理的市场化虽然基本形成，但距离市场完善或完全市场化还有很长的路程。江苏省建设厅于2007年9月编著的《建设工程监理热点问题研究》在阐述建设市场机制的成熟与完善时指出："强制监理的取消、市场化监理服务的形成，与建设市场的成熟息息相关。"目前，我国建设市场的成熟度还不高，各方市场主体还不能真正按照市场规律的要求行使各自的职责，所以还谈不上完全市场化。我的粗浅理解，完全市场化就是完全由市场来决定需求和价格，完全交给市场调节，完全自由化竞争，由供需双方通过竞争性反复讨价还价发现或形成价格，并由这样的价格调节供求，动态地形成均衡价格下的均衡供求。

有的人认为，"完全市场化"不适

合中国国情，尤其是在一些战略性的产业，在一些资源性的行业，在关系到国计民生的行业不能完全实行市场化，但在完全竞争的领域应该尽可能地市场化，工程咨询服务行业就是完全竞争的行业。

有的专家认为，完全市场化是错误的，完全市场化的制度是资本主义制度，社会主义的改革开放不是完全市场化的改革开放，认为中国改革成功的关键，实际上正是没有完全市场化和私有化，认为在很多领域需要进一步市场化改革，在能够实行市场调节的领域，尽量由市场调节；在市场机制失灵，不能完全依靠市场调节的领域，政府依法进行干预。比如农产品，比如公共服务，等等。

《深圳市工程监理行业发展蓝皮书2009》在其附录2"强制性监理政策对建设监理行业发展的影响分析"中，以监理服务的供求函数图阐释了完全市场调节下的监理市场，认为"在完全市场调节下，监理服务的数量和价格由监理服务的需求和供给决定"。认为"完全市场是一种理论的基准点，它可以作为现实的对照物，但并不是现实的反映"。强调有的经济学家在20世纪初就发现了完全市场只是一种理论上的假设，现实世界有许多导致完全市场不能有效配置资源的因素，即市场失灵，需要政府采取一定的措施予以补救。

其他的领域是否需要完全市场化我们姑且不论，在工程监理行业是否完全市场化我们可以讨论。目前即使监理取费价格全面放开，是否说明工程监理行已业完全市场化？我认为还不是完全市场化，似乎目前还不能急于完全市场化，因为必须实施工程监理的范围政策还继续有效，而且关系到国家安全、关系到国计民生的工程项目，是否放开强

制监理还有待政府确定。但监理服务价格全面放开是全国改革开放的大局，李克强总理在十二届全国人大三次会议上的政府工作报告中指出："不失时机加快价格改革。改革方向是发挥市场在资源配置中的决定性作用，大幅削减政府定价种类和项目，具备竞争条件的商品和服务价格原则上都要放开"。所以，工程监理作为建设工程专业服务行业，放开价格是大势所趋，但监理业内人士认为工程监理的政府指导价放开得过快，使政府工程的监理费报价无所适从。

我认为，鉴于目前建筑市场诚信度还不高、信用体系尚未真正建立起来的实际情况，工程监理还不能完全市场化，政府部门不应热衷于一刀切或大起大落。国家经济要稳健增长，各行各业也要稳健发展，涉及国家安全以及国计民生的工程监理，不应完全市场化。

任何企业都想政府多点优惠，多点支持，比如政府部门认为监理问题较多，欲取消强制监理，因为涉及工程的质量、安全和大多数监理企业的利益，

相当一部分业内人士表示反对。在2014年放开非政府投资和非政府委托工程项目监理取费价格时，大多数监理企业也反对，表示不应该取消政府指导价。但市场化也是逼出来的，监理企业与其等着别人来革命，倒不如先自我革命，主动投入市场，适应市场，创造市场。可以预计，政府全面放开工程监理服务价格后，监理行业"凤凰涅槃，浴火重生"的时期不会很远，纵然我们有很多理由反对、一百个不愿意，也难以抵挡政府简政放权、深化改革的力度。所以，监理企业应有足够的思想准备，应积极谋划转型升级或调整企业经营策略，争取在激烈的市场竞争中立于不败之地。相信政府部门和行业（专业）组织会给工程监理行业一个公平竞争的舞台和良好的发展前景。

参考文献

1．《深圳市工程监理行业发展蓝皮书2009》（深圳市监理工程师协会，深圳大学建设监理研究所于2010年5月编著）

2．《建设工程监理热点问题研究》（江苏省建设厅于2009年7月编著）

桩基工程质量应综合评判

云南世博建设监理有限责任公司　孔继东　李竹莹

摘　要　通过对昆明某小区住宅楼桩基础质量检验的实例，提出在桩基工程质量验收工作中，单靠低应变检测结果对桩基工程质量下结论是片面的，有时甚至是危险的。

关键词　桩基　验收　质量评判

一、前言

桩基础施工完毕后，桩身质量是验收时的主控项目之一。在《建筑地基基础工程施工质量验收规范》中没有给出这一主控项目的"允许偏差或允许值"，而是让人去《建筑基桩检测技术规范》中找。《建筑基桩检测技术规范》列出了桩身质量检测的几种方法，其中在现实工程中应用最广的是低应变法，运用低应变法检测桩身质量，依据实测信号可得出"Ⅰ、Ⅱ、Ⅲ、Ⅳ"类桩的结论。验收时各方责任主体的人员往往仅依据这样的结论就对桩基工程的优劣下定论，忽略了低应变法自身的局限性和检测人员误判等因素，以致有可能留下隐患。

二、实例

昆明某小区住宅楼设计为沉管灌注桩基础，设计单桩极限承载力为1200kN。其地质条件为冲洪积及湖沼沉积，为中等复杂地基，土层空间分布情况见表1。

该项目工程桩施打完毕后，按工程桩总数的20%采用低应变法对桩身质量进行了抽样检验。检验结果是除了少量的Ⅱ类桩外，其他都是Ⅰ类桩。随后又进行了6根桩的静载荷试验，试验结果显示，其单桩极限承载力仅达到设计极限承载力的1/2~1/3。这一下炸开了锅：建设单位很着急，其他各相关单位争论不已，莫衷一是。

我们作为工程监理单位，对桩基工程质量的评判负有重要责任；我们按步骤进行了审查和分析。

1.对静载荷试验结果的认定

1）审查试验单位的资质和试验人员的上岗资格；

2）审查实验设备（千斤顶、压力表、百分表等）是否经过有关部门（如技术监督局）的标定，其有效期是否过时；

3）审查试验装置和试验方法是否符合规范规定；

4）审查试验原始记录是否真实有效且符合规范规定；

5）审查试验报告是否真实有效且符合规范规定；

经审查上述各项均符合规定，确认静载荷试验结果真实有效。

2.对静载荷试验和低应变检测结果的分析

以187号桩为例，其试验结果见图1。

各土层埋深及相关参数表   表1

土层编号	土层名称	层顶埋深(m)	承载力特征值f_k(kPa)	压缩模量Es_{1-2}(MPa)	桩基参数	
					q_p (kPa)	q_s (kPa)
2	黏土	0.4~2.4	170	7.31		30
2.1	黏土	0.7~3.8	160	14.44		28
2.2	圆砾	0.6~4.2	220	15.00		45
2.3	有机质黏土	1.4~1.9	170	9.56		30
3	有机质黏土	1.4~5.5	40	2.58		6
3.1	淤泥质黏土	2.5~6.8	50	2.97		6
3.2	粉土	1.9~7.4	140	5.26		25
4	粉质黏土	3.0~8.7	100	3.96		16
4.1	淤泥质黏土	7.3~7.5	50	3.60		6
5	有机质黏土	5.8~11.0	60	3.02		8
6	粉质黏土	5.8~15.4	120	4.82		20
6.1	粉土	8.0~17.9	140	7.53		25
6.2	有机质黏土	7.9~16.5	60	3.03		9
6.3	含砾粉土	5.3~18.0	170	7.5*		30
7	泥炭质土	12.3~19.7	60	3.26		8
8	粉质黏土	13.9~22.8	150	5.94		27
8.1	粉土	16.7~21.5	160	6.58		26
9	泥炭质土	16.2~23.8	60	3.22		8
10	黏土	18.0~26.8	160	5.88	1600	32
10.1	粉土	19.4~31.0	160	9.88	1400	23
10.2	粉砂	20.2~30.9	160	8.5*	1400	25
10.3	泥炭质土	21.0~32.0	60	3.92		10
11.2	粉质黏土	3.5~31.8	220	9.34	1800	35
11.1	砾砂	15.3~28.4	250	10.0*	2200	50
11	砂质泥岩	6.7~24.6	2500		2500	100

竖向静载荷试验成果图

工程编号：C—2005—29

试桩编号：187#

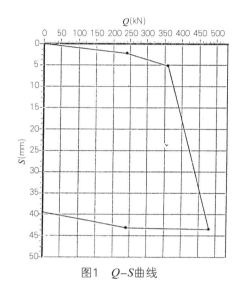

图1 Q–S曲线

土层编号及名称

①1 杂填土
① 耕土
③ 有机质黏土
④ 粉质黏土
11—2粉质黏土

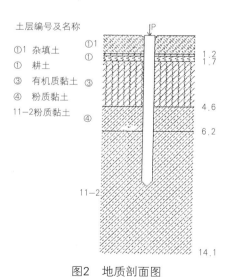

图2   地质剖面图

该桩施加第三级荷载时，即出现急剧下沉的破坏特征，从图1可见，Q—S曲线在360kN处出现明显拐点后呈陡降直线段，这是典型的断桩曲线。我们根据地质资料给出的相关参数进行了计算，其断桩位置应在桩顶以下5~6m。

然而，承包单位反对我们的评判，坚持以低应变检测结果为准（因低应变检测判定该桩为Ⅰ类桩。还有其他各桩也类似）。低应变和静载试验检测结果见表2。

根据静载荷试验资料分析，各桩桩身都有严重缺陷，而为什么低应变检测都判为Ⅰ、Ⅱ类桩呢？我们根据实测反射波信号曲线和施工工艺特点进行分析，判断桩顶以下0.5m左右有明显缩颈，由于这一缺陷在"盲区"范围内，信号中看不出此界面的反射，也没有此界面以下的缺陷和桩底的反射，因此反射波信号曲线不能作为判断桩身质量的依据。我们的分析尽管承包单位无话可说，但仍然不服。于是决定开挖验证。187号桩开挖后的现场照片如图3、图4。

某小区桩基检测统计表 表2

桩号	桩长（m）	入土时间（d）	低应变检测结果	极限荷载（kN）	终止荷载（kN）	终止加载时的累计沉降量（mm）
50	17.2	26	Ⅱ	360	480	52.65
54	16.2	34	Ⅱ	360	480	41.64
187	9.4	47	Ⅰ	360	480	43.56
96	17.0	52	Ⅰ	600	720	45.07
60	17.0	55	Ⅰ	480	600	60.00
180	22.5	74	Ⅱ	600	720	44.18

图3　桩上部缩颈

图4　断桩实录

根据现场开挖情况绘制的检查情况见图5。

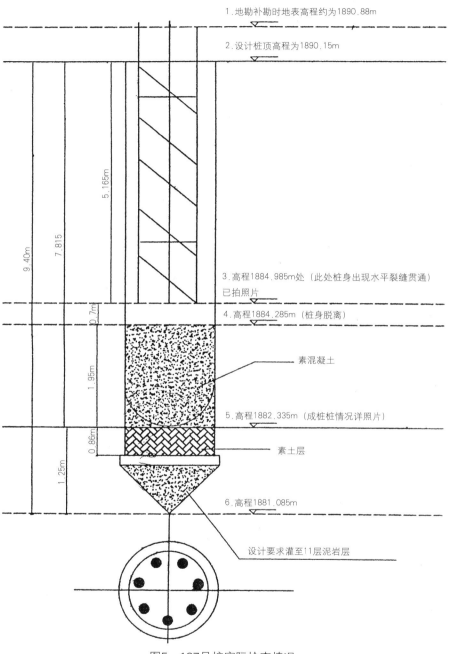

1. 地勘补勘时地表高程约为1890.88m

2. 设计桩顶高程为1890.15m

5.165m

9.40m 7.815m

0.7m

1.95m

0.86m

1.25m

3. 高程1884.985m处（此处桩身出现水平裂缝贯通）已拍照片

4. 高程1884.285m（桩身脱离）

素混凝土

5. 高程1882.335m（成桩桩情况详照片）

素土层

6. 高程1881.085m

设计要求灌至11层泥岩层

图5　187号桩实际检查情况

现场开挖后证实：该桩在高程1884.285m处桩身脱离（即断裂），且桩端止于高程1882.335m处，没有达到设计要求的进入泥岩层（即1881.085m处）。挖出后的桩经敲碎后没有找到预制桩尖（此时承包单位才承认他们没按设计要求做加强桩尖，而是做的素混凝土桩尖）。

三、结束语

近期发布的《建筑工程施工质量评价标准》中对桩身完整性的评价仍然采用了"Ⅰ、Ⅱ、Ⅲ、Ⅳ"的分类评价。这与桩基子分部工程验收时的情况一样，取决于"Ⅰ、Ⅱ、Ⅲ、Ⅳ"的评判是否正确。

低应变法的理论基础是以一维线弹性杆件模型为依据，要求应力波在桩身中传播时平截面假设成立；直径越大的桩，在同一平截面上的质点运动速度差异越大。对钢管桩和异型桩（如H性）明显不适用，对于混凝土管桩来说，目前尚在进一步探索中，广东省建筑科学研究院的同志对低应变法检测管桩的局限性提出了若干看法（见《预应力高强混凝土管桩检测若干问题探讨》）。对于沉管灌注桩来说，当应力波在桩顶以下第一个阻抗界面反射后，如果还有第二个缺陷，很难接收到第二个阻抗界面的信号。再由于桩的尺寸效应，检测系统的幅频、相频效应，高频波的弥散、滤波等造成的实测波形畸变，以及桩侧土阻尼、土阻力和桩身阻尼的耦合影响等，对桩身缺陷类型（如缩颈与鼓肚、局部松散、夹泥、裂缝、离析空洞等）的定性和定量仅凭信号曲线是难以判定的。

因此，在桩基子分部工程验收工作中，对桩基工程质量的评价应根据地质资料、静载荷试验资料、高低应变法检测资料、不同桩型、成桩工艺、打桩记录和施工监理过程中发现的情况，并结合监理工程师的经验，综合进行分析与评判。在上例中，我们正是运用了综合分析的方法，才得出了正确的判断，成功地避免了一次重大质量事故。

后话：本工程在摸准了"病因"的前提条件下，监理工程师应建设单位的要求，配合设计单位拟定了技术、经济合理的基础处理方案，解决了这一工程难题。

塔类设备制作安装监理要点及风险防控

长江工程监理咨询有限公司　万福春

摘　要　塔类设备的制作安装工程的监理过程中，对其质量及安全控制的监理要点进行分析，并进一步分析可能存在的风险因素，提出措施予以防控。

关键词　塔　制作　安装　监理　风险

一、引言

塔类设备制作安装过程往往是影响项目建设进度、安全等的重难点，其制作安装质量直接影响后续的生产操作。对塔的制作安装工程进行严格的全面监理十分必要，而工程监理的风险主要集中在质量控制与安全管理方面，需要运用系统控制的理论及方法，对可能遇到的问题进行深入分析，对监理工程进行全面管控。

二、塔类设备的制作安装监理

塔类设备的制作安装有多种方案，管理人员应根据塔类设备的工期要求、结构特点、机索具和现场条件等情况进行分析比较，在保证质量的前提下，以能兼顾工期、安全、经济的方案为首选方案。不管采用何种方案，以下几点应作为监理工作的重点：

（一）制作过程

1. 材料验收

所有进场的钢材、配件均应进行检验，其材质、规格应符合设计要求，材料应有质量合格证书，如质量证明书不全或有疑问时应对材料进行复验。材料应有清晰的产品标识。需要监督检验的承压类塔器，主要受压元件生产厂家应具有特种设备生产许可证。钢板应进行外观检查，其质量应符合现行国家相应钢板标准的规定。钢板表面局部减薄量、划痕深度与钢板实际负偏差之和，不应大于相应钢板标准允许负偏差值。所有进场的钢材、配件应按品种规格合理堆放，做好材料标记，注明材料名称、规格、数量，特殊材料应单独放置。管材、板材在发料后，对剩余材料应做好标记移植。

材料验收必须予以重点关注，在设备驻厂监造前，必须制定严密的监造计划，对材料进场检验程序予以明确，必要时，驻厂监造人员直接全程参与材料的进厂检验。如因材料不合格发生后期返工，则会造成重大经济损失，同时严重影响工期，监造人员必须对此予以充分重视。

2.塔体制作

下料前必须对图纸进行复核，然后根据 GB 150-2011 和 JB/T4710-2005 要求绘制排版图，此审核过程中应重点注意避免出现管口碰焊缝现象。按照排板图的筒节规格，复核每张板的长度、宽度、对角线的长度。坡口加工应符合图纸及相关规范要求。壁板卷圆加工应采用弧度样板进行控制，卷制成型的半成品应采用专用胎具以防止变形，外观尺寸检验合格后标识编号。在加工制作过程中应特别注意防止板材表面损伤。塔节的制作应重点关注组对及焊接质量，直线度允差应不大于壳体长度的 1‰。设备的高度超过 30m 时，任意 3000mm 长度筒体直线度偏差≤3；圆筒体总长度 $L \leq 15000$ 时，总偏差≤$L/1000$，$L > 15000$ 时，总偏差≤$0.5L/1000+8$[1]。焊接前必须按焊接工艺评定编制焊接工艺指导书，由具备资质和能力的焊工按指导书进行焊接作业，焊接过程应注意采用合理的焊接方法和焊接规范参数，选择合理的焊接顺序以及采用其他措施防止发生焊接变形[2]。质量检查员、监造人员应对焊缝的外观质量进行跟踪检查，合格后进行无损检测。质量管理应注重数据采集，采用全面质量管理技术，分析原因，提出对策，对过程质量予以控制。例如为避免出现焊接质量问题，可以通过以往的经验，对塔类设备筒体焊缝射线探伤不合格底片进行收集和整理，运用主次因素排列图找出以往焊接缺陷的主要因素，如果分析发现气孔和夹渣是造成塔类焊缝不合格的主要因素，进一步分析产生缺陷的主要原因（焊条干燥温度不够是产生气孔的主要原因）。从而根据因果图分析出来的问题，制定出对策措施表，在施工过程中严格按照对策措施表执行。针对产生气孔的主要原因，制定解决焊缝气孔问题的对策措施，从而降低不合格焊缝的出现，提高焊接质量。另外，对塔采用焊后热处理工艺的，应采取措施，防止变形。确保焊后热处理温度均匀，减少压力容器在受热过程中的温差应力；适当增加塔类设备焊后热处理时约束变形的辅助设施[3]。

3. 外协加工件、附件制作安装

对外协加工件，如封头等必须严格检查。多年的工程实践表明，很多质量问题及事故原因均是对外购件的检查不够细致，因外购件质量不过关而引发，因此，监造人员必须对外购件表面质量、外形尺寸以及质量证明文件严格按照相关规范的要求进行验收，跟踪检查制造厂质检人员的相关验收记录。

此外，塔平台、爬梯、旋梯、塔内部的格栅、断液盘、填料支撑、分配盘支撑等部件制作安装中，因设计无详图或相关图集中不明确或由不同厂家制作等原因，可能出现连接件不符等问题，从而影响进度及使用，因此必须从图纸审核入手，对细节问题予以关注，防止类似问题发生。

（二）安装过程

1.设定施工质量控制点

为保证工程施工过程中的所有单位、所有环节的施工质量都得到切实有效的控制，同时充分体现分级管理、各负其责的原则，故而设定塔类设备安装工程施工质量控制点。监理人员要按照质量控制点一览表中的规定进行施工质量的监督和管理。

2.基础验收

安装施工前，塔基础须经正式交接验收。基础上应明显地画出标高基准线、纵横中心线，设计要求作沉降观测的基础，应有沉降观测水准点。基础表面在塔安装前应进行修整。需灌浆抹面时要铲好麻面，基础表面不得有油垢及疏松层，放置垫铁处至周边50mm应铲平。在验收合格的基础上对坐标、标高、方位线的控制点作永久性标记。预埋螺栓的应在浇筑前检查模板及螺栓间距，浇筑后应对螺栓间距进行复核。

3.吊装组装

吊装应复核吊车载荷、地面基础等，重点关注安全问题，此外，对细长塔体整体吊装时，必须对塔体受力进行复核计算，防止发生变形破坏等。分段组装应按事先编制的施工方案进行，监理人员必须对吊装组装过程进行旁站监理，对现场完成的焊接作业，必须按规定进行相关的无损检测、压力试验等。塔吊装就位后，监理人员必须对找正的垂直度重点检查，如垂直度不达标，将严重影响内件安装、附件安装、与塔体连接的设备安装等，并会影响使用效果，必须予以充分重视。

4.内件安装及保温

需注意施工顺序，避免互相影响。此外，对脚手架的搭设必须予以重点关注，安全问题不容忽视。

三、现场监理风险防控

众所周知，建设工程风险大，现场监理工作的风险可考虑为影响投资、进度、质量目标和安全目标的各种风险。具体而言，塔制作安装监理过程中对全过程主动控制与被动控制的到位程度，以及安全管理的履职情况等，尤其安全管理的风险防控应当建立危险源辨识与评价体系，采取"分险设防、逐一查验、预警控制"的风险防控手段，预防或减少损失。

（一）质量控制风险防控

质量控制中应坚持原材料先检后用的原则，同时应坚持上道工序未经检查验收合格，下道工序不得施工的原则。对质量检查中发现的问题或者存在质量隐患时，应及时签发监理通知单，要求施工方予以整改，必要时，及时上报有关管理部门。

（二）安全管理风险防控

安全管理工作应严格把好施工组织设计的审查关，审查施工方现场安全生产规章制度的建立和实施情况，审查施工方安全生产许可证及施工单位相关作业人员资格证，严格核查施工机械和设施的安全许可验收手续。检查过程中，发现安全隐患时，应签发监理通知，要求整改；情况严重时，应签发工程暂停令，并及时报告建设方。建立安全隐患台账并做好督促整改与"销号"工作。塔安装过程中，应督促施工单位切实落实安全技术措施实施及其验收工作。

（三）进度控制风险防控

塔的制作安装进度往往影响整个项目的进度。实施过程中，必须事先制定详细的加工制作计划、运输计划、大型吊车进场计划、吊装计划、塔体及内件附件安装计划等，并严格执行。同时在计划实施过程中，监理人员要经常进行实际施工进度与计划施工进度的比较。发现实际施工进度与计划施工进度存在滞后偏差时，监理人员要分析产生偏差的原因（人、机、料、法、环），提出纠正偏差的措施，同时要督促承包单位对施工进度计划进行调整，采取增加人力、机械数量或延长工作时间等方法，保证进度计划的实现。

四、结语

综上所述，大型塔类设备既存在在现场制作安装的施工模式，又有在生产车间工业化整体预制，现场整体吊装的施工模式。而且现场条件不同，运输条件限制等问题普遍存在，这就决定了塔类设备制作安装方案的多样性，对其过程的监理工作，对质量及安全的关注始终是监理工作的重点，而风险防控要求我们监理人员业务上要懂，作风上要正，工作中要勤，遇到问题要注意处理方式与方法，这样才能使监理工作不陷于被动，保证建设目标的顺利实现。

参考文献：

[1] JB/T4710-2005《钢制塔式容器》

[2] 涂善东.过程装备与控制.化学工业出版社，2009.

[3] 吴伟强.塔类设备焊后热处理变形的分析及预防.石油工程建设，第34卷第4期：55-57.

浅析管理成熟度模型在监理服务中的应用

西安高新建设监理有限责任公司　梁　明　彭学兵

前言

我国建设工程项目管理起步较晚，导致企业在发展管理业务中出现了诸多问题，整体管理水平不高，在市场竞争机制下，国外高水平管理公司的介入，使得国内相当一部分以监理服务业务为主导的管理企业面临着巨大的挑战。因此，监理企业急需对自身的项目管理能力有清晰的认识，了解项目管理方面的不足，并从战略角度持续提高项目管理能力。这对于监理服务的长远发展有着举足轻重的意义。针对上述问题，越来越多的国内外学者开始着手研究可用于真实反映企业管理水平的理论体系及评测工具，而管理成熟度模型则成为近年来研究的热点。与此同时，国内越来越多的大型企业也开始尝试运用这一模型来进行企业管理，也逐渐收到了良好的效益。因此，监理企业也可尝试在监理服务领域内建立运用成熟度模型，用于评测自身能力缺陷，并提出改进方向，最终提升整体管理效能，增强核心竞争力。

一、管理成熟度模型起源和发展

成熟度模型最早起源于软件行业，这是由于软件开发工作一般会涉及很多变量、未知数和无形的东西，而这些是在其他行业遇不到的。基于这种复杂性，对于一个特定的软件项目，预期目标的实现可能更加依赖于企业的某一个核心成员（如核心编程人员）的能力。但是当这名核心成员离开该项目，或者该项目变得越来越庞大和复杂，以至于核心成员不再对项目有掌控能力时，项目的结果就变得无法预测，而获得预期收益的不确定性也大大增加。因此，为了最大程度上减轻和避免这种风险，美国卡内基梅隆大学软件研究所（SEI）在1987年率先在软件行业提出了软件过程成熟度模型。

SW-CMM模型主要用于评价软件承包能力并帮助其改善软件质量的方法，侧重于软件开发过程的管理及能力的提高与评估。该模型的基本思想是"软件项目做不好的原因并不是因为技术实力不够，而是由于管理不善的原因引起的，所以新软件技术的运用不会提高项目的生产率和利润率，相反地，应重点从提升管理软件过程方法的角度来提高项目的收益和效率"。这种观念经过多年的实践，已成为许多软件企业推崇的一种直接有效的管理理念。

管理领域的人们很快地从软件行业提高效率的实践中汲取了大量经验，这是因为在组织中管理概念的复杂性和不可触知性同软件开发具有很多相似性。要在各种工程项目中获得可以预测的结果需要了解和测量许多变量，这与软件开发环境面临的问题一样。因此，管理者更愿意看到这样一种结果：即便将团队的核心成员（如同软件行业的核心编程人员）调离项目组织，项目组织也同样有确保项目成功的能力，这就大大提升了项目的成功率。所以如何建立能够真实反应项目管理能力的评测体系便成为了管理者共同追求的目标。于是面向工程管理的成熟度模型（PM3）应运而生。

二、管理成熟度模型的含义

管理成熟度模型（PM3）是对"组织"的管理能力进行评价与改进的途径和方法。这里的"组织"概念是广义的，它包括像企业、政府部门这类长期性组织，也包括像"项目团队"这类面向任务的临时性组织。

目前绝大多数管理成熟度模型（如国际项目管理协会的蛛网模型IPMA-PM3，美国项目管理学会的组织管理模型PMI-PM3，美国项目管理解决方案公司的5级成熟度模型PMS-PM3，美国科兹纳博士的成熟度模型K-PM3）（详见表1）都沿用了SW-CMM的理念，即基于"管理过程能力"的成熟度进行开发的。

模型名称	I级	II级	III级	IV级	V级
SEI—CMM	初始级	可重复级	已定义级	已管理级	优化级
PMI—PM3	初始级	可重复级	已定义级	已管理级	优化级
PMS—PM3	初始过程	结构化过程和标准	组织化标准和制度化过程	管理过程	优化过程
K—PM3	通用术语	通用过程	单一方法	基准比较	持续改进

CMM模型及各种管理成熟度模型相应级别名称　　　　表1

管理能力是个综合指标，是人员能力、过程控制能力、技术能力等多方面能力的综合反映。但由于管理能力抽象且具有"科学性"、"艺术性"的双重属性，因而管理能力的评价很难有全面且唯一的标准。因此，管理成熟度模型的构建大多从其便于"评价"与"改进"的目的出发，关注管理的"科学性"，基于"过程保证质量"的理念，重点对可视性强、可检查性好的"过程"能力进行评价。

对比各类PM3模型的分级结构，可以看出，无论是哪种模型，管理能力一定是从最初始的级别向最优级别逐渐改进的。级别越低，管理水平越低，反之级别越高，管理水平越高，涉及的管理内容也就相对越多。

为了便于理解，笔者以PMS—PM3模型为例对每一个级别的内容进行说明：

I级—初始过程：组织认为自己有管理的过程或程序，但没有惯例或标准。各项管理程序中形成的文件零散随意，管理往往是无计划性的，管理成功主要取决于组织中核心成员的能力和经验，各项预期的目标达成率较低。项目管理总是随着项目的推进而处于变更和调整中，组织经常处于变动中。

II级—结构化过程和标准：建立了一个比较有效的项目管理组织，进行了一些基本保证措施（如项目范围的界定，时间、费用及质量方面控制标准和计划），能够利用一些常用的管理工具进行项目规划，管理中的常用文档已文档化，项目组织能基于在类似项目上的经验对新项目进行规划和管理。

III级—组织标准和制度化过程：在该级别上，管理已经步入规范化的进程，项目组织更加有效与成熟，管理过程（引申为管理程序、内容、要点、目标等，下同）得到定义（阐述）和集成，并形成能便于几乎所有项目组织进行管理的制度和标准，管理程序得到项目团队成员很好的理解，并在项目实施中得到遵循，能够进行包括项目规划、控制与变更、沟通管理、采购与合同管理以及风险管理等全面的管理。当达到第三级成熟度时，可以表明这个组织的管理已经基本上成熟了。

IV级—管理过程：处于这一级别的组织在管理方面已经做到能够进行量化管理，即所有的项目目标如项目质量、时间、费用目标都有明确的度量目标，达到该级成熟度的组织要对所有项目的重要活动进行度量，并建立相应的数据库（可引申为验收合格率、关键任务完成比率、费用偏差、进度偏差等），通过这些数据对项目管理过程进行分析评估并采取相应的预防措施。这一级别的组织通常在日常管理中已充分做好了数据收集及分析工作，并使之常态化。

V级—优化过程：优化过程是进化的最高级，达到这个级别的组织能够从战略管理的高度来规划组织的所有项目，组织的管理处于一个不断改进、不断优化的过程之中。组织能够主动改善项目管理活动，定期对获得的经验进行检查，并用于改进管理过程、标准和文件。在项目执行过程中收集到的指标不仅用来帮助了解项目管理的绩效，而且用于帮助组织作未来的管理决策。

综上所述，管理水平是逐步进行提升的，它往往是从一个较低的、随意性较强的管理层级逐渐向高水平、有序的管理层级进化，而每一级的内容则被认为是改进的方向（详见图1）。每一层级较上一层级的工作内容在深度、广度方面都有不同程度的深化和拓展，并从定性、定量方面对管理进行系统评测。

三、管理成熟度模型的意义

分析目前国内外的各种PM3模型，可以发现这些模型在主要用途方面近乎相

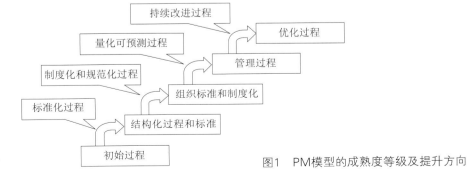

图1　PM模型的成熟度等级及提升方向

同，因此构建PM3的意义在于以下几点：

（1）用于衡量某一组织的管理能力水平，作为判断该组织是否具备承担某一特定项目所要求的项目管理能力的依据。

（2）用于衡量某一组织自身的管理现状，与成熟度模型所定义的相应能力等级的具体要求相比较，找出差距并实施改进，以提升组织自身的管理水平。

（3）用于新建组织的管理能力设计或现有组织能力改进的目标设计和过程设计的参考。

四、管理成熟度模型在监理服务中的应用

监理服务主要是体现管理工作的效能，工作中通过调动参建方的积极性，协调项目干系人之间的协作关系，定期核查项目各进展阶段工作完成情况，辅助运用"三控两管"手段等对工程建设项目进行规划、核查、评估管理。因此，作为以输出管理服务为主导业务的监理企业，管理的水平、管理的成效、管理的领域都成为评判企业管理能力的重要指标。所以，建立一个可用于反映监理服务能力的体系不仅可以帮助企业很快认识到自身的不足，同时也为企业在管理方面的改进提供了导向，而管理能力成熟度模型理论及工具则可以帮助企业完成这一工作。

五、指标体系与成熟度模型关系

PM3模型作为评测模型，就一定要有突出的评测点，这些点可以是项目各个阶段所有工作总和，也可以是单个工作点的具体内容分解，从具体的工作内容到工作点，再到项目整个阶段，就构成了PM3的评价指标体系。这些指标应足以反映管理中的大部分工作，然后再结合PM3的5级评测模型进行评价，就可以得出某个组织在特定的工作阶段（或者工作具体内容）处于何种级别，并可以方便地得出改进的目标及达到下一个更高层级所要完成的工作。

综上所述，PM3模型包含了两个方面：能够反映管理工作的指标体系，能够用于评测级别的标准。二者缺一不可，相辅相成。为了便于理解，笔者借由以下例子说明（详见图2）。

图2为初步建立的监理工作成熟度模型指标体系，该体系由评价的目标层（监理工作成熟度模型）、第一级准则层（计划过程能力、实施过程能力、控制过程能力、收尾过程能力以及综合管理能力）、第二级准则层（范围界定能力、项目规划能力等）以及第三级准则层（目标界定能力、工作分解的合理性等）共同构成，每层指标是上一层指标的深化和拓展。这些指标可通过查阅总结资料、咨询专家、量化评判（AHP）等方法进行选取和确定，指标在实际管理工作中必须要有代表性。

监理工作成熟度模型释义及评判内容　　　　　　　　　　表2

指标体系				成熟度5级模型				
目标层	准则层1	准则层2	准则层3	初始过程	结构化过程和标准	组织标准和制度化过程	管理过程	优化过程
监理工程成熟度模型	计划过程能力	范围界定能力	目标界定能力	模型释义	组织没有对工作目标及工作范围进行界定，组织成员对职权划分及工作内容不清楚，项目在运行中经常变更目标，管理无序被动	组织进行了项目的划分，并获得了内部成员的认可，形成了非正式的文件，定期组织了对目标的分解和预测，并及时调整管理内容，制定了小范围内的计划性文件，并做了经验性总结	组织将目标划分的标准和目标核查工作形成了制度并宣贯，项目成员能够通晓各阶段工作权限和工作范围，能在实际工作中予以体现，组织还将合同中关于各阶段工作内容进行梳理、划分，根据项目进展阶段的特点将工作任务分解到每一个成员，管理主动、规范，每个人都能按照统一的标准开展工作	组织在界定目标时加入了数据采集要求和分析方法，编制的相关文件中有具体量化的数据作支撑，每个成员将数据收集工作常态化，并能作出基本判定和改进思考	组织通过不断调整工作分工使得成员各尽其用，同时持续观察改进、总结由于目标、分工变化带来的偏差影响或收益
				评判内容	未进行合同中关于工作内容的交底 人员分工不明确或者分工不合理 未对管理各阶段的目标及工作范围进行划分，缺少相关说明性文件 未对项目干系人权限进行划分	工作范围和内容划分明确合理 成员能够认可人员分工，同时能清晰地描述和遵守自己的工作范围 形成了关于目标定期核查和修正的计划、总结文件 其他项目上的优秀经验复制到该项目上	制定了完善的可用于推广的制度性文件 各阶段目标、工作内容、核查要求等均有详细的说明，并按照统一标准编制了相关资料，资料具有一定的深度和可操作性 组织成员都能按照标准开展工作	目标界定流程图 目标完成成效评判准则 成员对工作范围、工作内容、参建各方责权利方面掌握程度的数据行进分析	持续改进的准则 目标偏差分析报告
			……					

确定指标体系后，根据PM3模型含义对每个指标在不同级别对应的工作进行梳理和总结，笔者以计划过程能力中的范围界定能力为例进行说明（见表2）。

上述模型中每一级的评判内容可以作为评价项目组织在运行过程中的评分点，每一级的评判内容是上一级评判内容的延续、深化和拓展。组织不是仅仅完成某一个级别所列出的工作就表明该组织处于这个级别，而是在满足完成该级别之前级别的所有工作及该级别所有工作的情况下，才能判定组织处于这一级别。例如：目标界定不明确，我们认为组织处于第I级；如果项目部进行了目标界定，即便目标界定的范围、划分均按照了项目部自定的标准，但如果能够对项目部执行合同时起到一定的推进作用，便可以认定处于第II级；如果在完成第II级工作的基础上，项目部或企业组织将目标划分的标准及内容形成详细的制度性文件推广，并且得到几乎所有的项目成员的执行和认可，获取一定的效益，则可认定处于第III级；如果在完成第III级管理工作的基础上，在编制目标界定及工作范围划分资料中能够加入流程图、执行情况数据类分析，并进行了执行情况的考核，则表明该工作从定性分析向定量分析进行过渡，执行的结果可由数据精准测量和说明，这时可认定管理能力处于第IV级；同理，在满足第IV级所有工作的基础上，企业通过前一级别的量化分析及执行情况，如果总结出能够保证持续改进目标界定能力的方式、准则以及相应的分析报告，就可以在以后新建（或复杂的、大型的）项目重新加以应用和推行，这就确保了这些项目能够很快地正常运转，同时也表明了这时候的企业在目标界定能力中处于最高级别。

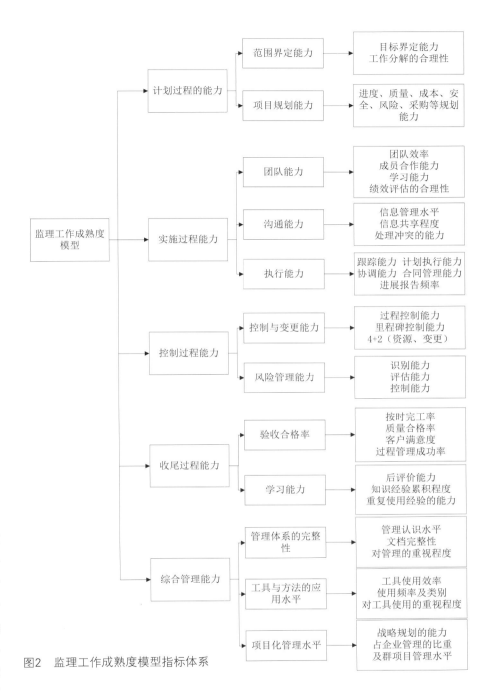

图2　监理工作成熟度模型指标体系

结语

管理成熟度模型PM3为组织的管理水平的提高提供了一个规范化的框架，作为衡量企业或组织管理过程是否成熟的一个重要思想与方法，管理成熟度模型PM3必然会得到广泛的应用。但由于监理服务的涉及面越来越广，各个项目部的特殊性，文章中构建的指标体系未必合理可行。因此，成熟度模型构建的重点在于整合企业管理资源，通过共同探讨论证，筛选出代表性指标，既能反映出监理服务的本职工作，也能体现处监理服务的拓展性工作，从而便于指导后续项目组织能够更全面地开展管理工作。

行政管理体制改革对监理行业发展的影响和对策研究工业部门分报告（下）

四、应对国家行政管理体制改革的诉求和对策

（一）进一步完善建设工程监理制度，准确定位建设工程监理

建设工程监理制是我国改革开放和市场经济发展的产物，与工程项目法人责任制、工程招投标制、合同管理制等共同构成了建设工程管理制度体系。1997年《建筑法》以法律制度的形式规定"国家推行建筑工程监理制度"，并由国务院规定"实施强制监理的建筑工程的范围"。26年来，工程监理在工程建设中发挥了重要作用，加快了我国工程建设管理方式向社会化、专业化转变的步伐，适应了我国社会主义市场经济条件下工程建设管理的需要，促进了工程建设质量、工程投资效益、工程管理水平的提高，一大批具有时代特征的工程建设项目又快又好地建造成功，为国民经济的发展作出了重要贡献。尽管在《建筑法》、《建设工程质量管理条例》、《建设工程安全管理条例》等涉及监理的相关法律法规中，不同程度地明确了工程监理的法律责任，但由于法律法规制定的时间不同、部门不同，没有形成体系完整、科学合理的监理法律责任界定标准，存在责任界定模糊、自由裁量权过大等弊端，有人认为监理应是独立的第三方，有人认为应是建设单位的代表，有人认为应代表政府。思想认识的不统一，使监理行业承担了来自各方面过多、过大的责任，如安全管理责任的不断扩大，严重影响了工程监理制度的健康发展，与监理制度的初衷定位相差越来越远。因此有必要在《建筑法》中对工程监理的功能定位予以修改和补充。如果按照法律修改程序，《建筑法》的修改过程较长，建议抓紧制订《建设工程监理条例》（以下简称"条例"）。通过"条例"的制订，对工程监理的定位、范围、内容以及社会监督和政府监管之间的职责关系，监理工程师的职业责任和社会责任，从法律层面进行重新明确和界定，从而统一全国、地方和各行业对工程监理的认识，指导和促进工程监理行业的健康有序发展。

目前，我国一些关于建设监理的专门法规，都是国务院有关部门、地方政府根据相关行业、地区的实际情况制订的，不同程度地存在一些局限性，有些带有行业、地方保护色彩，甚至部分条文还与国家有关监理的法律法规相矛盾。没有国家统管的建设监理专用法律法规，是建设监理条块分割、地方壁垒、市场不规范、监管不到位的根本原因，严重制约了建设监理健康发展。

建议住建部及有关工业建设行政主管部门梳理、修订各部门的关于建设监理的专门法规，清理那些带有行业、地方保护色彩，与国家有关监理的法律法规相矛盾，与国家行政管理体制改革不相适应的条文，准确定位工程建设监理制度，推进工程监理法律法规体系的建设。

（二）改革监理资质管理制度，加强工程监理队伍建设

1.逐步淡化企业资质，加强企业市场竞争力的培养

现行的监理资质管理制度规定了专业人员配置和监理业绩的要求，但无法真实体现企业的实际水

平。特别是，同类同等专业的工业建设项目也会有很大的差别。以水利水电工程专业为例，全国现有78家甲级监理企业，如果某水电站主体工程的挡水坝是高于200米的混凝土拱坝，针对这样水电建设项目，却只有少数几家监理企业能够承担监理任务。因此，应该通过科学论证界定建设项目对监理企业的要求及专业人员的配置标准，推荐给业主供其选择投标人选，由市场来决定建设项目的监理由谁承接，而无论规模、人员状况如何，各类企业至少都有角逐市场的资格，选择权交给市场、交给业主。

淡化监理企业资质给企业建设提出了新的挑战。经过了三十年的市场竞争，一批大型的工业监理企业已经成熟，具备了较强的市场竞争能力和业务实力，淡化监理企业资质给这些企业带来更大的经营空间；但对于一些中小企业却是较大的冲击和契机，迫使这类企业从追求资质级别向提高企业的市场竞争能力和业务实力转变，从培养员工努力取得监理工程师资格向切实提高员工的素质和综合技术能力转变，继续教育从资格教育向素质教育转变。而不能完成转变的企业则面临着被淘汰的危险。从而监理队伍走向良性健康发展。

2.改革监理人员资格审批制度，注重监理人才素质培养

作为市场经济环境下的技术咨询服务行业，监理从业人员的素质和水平决定着企业的生存，也决定着行业的兴衰。为了解决目前工程监理队伍数量不足、人员素质不高的现状，亟须改革全国监理工程师执业资格制度，逐步建立由行业协会、学会等社会组织开展水平评价的职业资格制度，加强工程监理人才队伍建设。

建议有关部门尽快调整全国监理工程师执业资格报考条件和考试内容，监理工程师执业资格报考条件可参照建造师、造价工程师等执业资格报考条件，分不同学历设置工作年限要求，如对工程技术类或工程经济类专业大学本科毕业生而言，从事工程设计、施工、监理或项目管理相关业务工作满4年后即可报考监理工程师执业资格，而不再有专业技术职务的限制。

调整报考条件后，为考核报考者的专业技术能力和综合素质，有必要增加工程技术方面的考核内容，如工程技术标准、特别是工程建设强制性标准以及工程建设新材料、新工艺、新设备、新技术等内容，并可强化专业操作技能方面的考核内容。

考虑到各类执业资格人员之间的融通，并能够吸引更多优秀人才进入工程监理行业，对于取得一级注册建筑师、注册工程师、一级注册建造师、注册造价工程师等执业资格或工程技术、工程经济类高级专业技术职务的人员，从事工程设计、施工、监理或项目管理等相关业务超过一定年限的，可免试监理工程师执业资格考试的部分科目，如质量控制、进度控制、投资控制、合同管理等科目。

建议住建部与其他行业的建设行政主管部门协商，由中国建设监理协会统一规划，实行相同或同类工程专业的监理工程师资格互认。

（三）充分发挥市场经济优化资源配置的机制，逐步建立统一开放的工程监理市场

1.发挥市场在监理行业的资源配置中的决定性作用，价格放开是一个核心问题。

关于价格放开问题，从长远的角度来看，必将会形成一个优质优价、低质低价的行业竞争状态，也将会提高行业综合服务水平，还会培育出一批综合能力强、服务质量好的优秀工程咨询企业，并会淘汰一批落后的企业。但从短期来看，若在无过渡政策保护的情况下放开价格，可能会导致短期的市场震荡、恶性竞争行为增多、企业运营风险增大等情况的出现。监理服务的内容不是由甲乙双方决定的，而是由格式条款约定的，其中包含了大量法定责任。价格放开后，如何避免价格松绑影响服务内容缩减或服务标准降低，也将是行业面对的问题。

价格放开，对于各级资质企业来说将在短期内共同面对定价标准缺失、恶性竞争对手增多等问题，但也会共同迎来以能力和服务占领市场、以实力和品牌重塑企业核心竞争力等发展机遇。价格放开还是一块试金石，能够检验政府、社会、建筑业以及建设单位（或是投资单位）对于监理的认同程度。

价格放开的表象是价格竞争，但其本质是让

市场参与者们以能力和服务赢取市场。若要推行价格放开政策，作为行业协会应同政府、社会和相关行业共同制定过渡期的市场规划。一要做好政策保障，尤其是要在价格制定、能力评价等方面出具行业协会指导意见，要让行业内的企业进行服务定价时有标准指导，要让接受服务的单位评估服务时有参考依据。二是要做好行业内政策宣传工作，要在行业内统一思想，让从业者正确认识价格放开的利与弊，把从业者的眼光从价格竞争转移到服务和能力的竞争上来。三是要做好行业内的协调工作，尽全力避免行业内的无序恶性竞争行为的发生。四是要做好行业间的协调沟通工作，共同保障监理行业向价格放开平稳过渡。

2.净化行业整体环境，取消行政管理造成的条块分割、地方壁垒，推进工程监理市场法制化建设

当前行政管理造成的监理市场的行业垄断、条块分割、地方壁垒、暗箱操作等情况较为严重的问题，不是监理企业的问题，更多来自业主、招标代理、施工承包甚至某些政府人员等方面的不良行为，这远比监理企业本身问题更致命。一方面，有必要从法律层面，建立一套较为科学的监管制度，促进全国统一开放、竞争有序的监理市场的形成。另一方面，不断完善现行监理行业资质资格的相关规定，避免资质资格管理分割、资质分级过多、资格分类不合理、审批条件过于刻板、监管方式不尽合理等问题。

目前存在部门、行业保护主义，重复设置资质准入的问题比较突出。在建安工程项目中往往已经包含了不同的专业工程，承接了该项目的建筑工程监理，就应该对该合同项目中的全部工程进行监理。但相关部门为了保护既得利益者的利益，在工程招标中设置附加条件，要求工程监理企业同时具备专业工程监理资质。另外，作为企业，要取得诸如此类的专业工程监理资质，就要加入相应的工程（监理）协会、每年缴纳会费、选派人员参加相应的取证培训、收集整理申报资质材料等，这种人为分解资质、进行行业垄断的行为对监理市场的正常运行和健康发展造成了较大影响。因此亟待净化行业整体环境，取消条块分割、地方保护和行业垄断，将准入条件、审批过

程等管理环节引入科学化、法制化的轨道。

地方保护和条块分割是建立工程监理统一开放市场体系的主要障碍。建议限制和逐步取消地方保护和条块分割的不合理规定和做法，地方政府不能强制提出在当地设立分支机构等不合理要求，取消地方上的监理备案制度和在当地注册分支机构等规定。

3.改革现行的监理市场准入制度，有利建立统一开放的工程监理市场

《建筑法》明确提出："实行监理的建筑工程，由建设单位委托具有相应资质条件的工程监理单位监理。"监理单位要承接工程监理，必须事先取得相应的资质，这是监理市场准入的基本条件。回顾监理行业26年的发展历程，监理企业资质的设定为企业评价和市场选择提供了基本的依据，也为促进行业发展发挥了巨大作用。然而，在现行市场竞争中，监理企业的资质不能完全准确反映企业的诚信、实际水平和监理服务能力，建议在监理市场准入制度中融进建设市场的需求和评价制度。

建议：

（1）在上位法（《建筑法》）尚未修订的情况下，要着重从转变政府职能入手，进一步简政放权，向行业协会、学会等社会中介组织转移部分审批事项（采用社会治理的方式），把暂时不能转移的，却能由地方管理的审批事项交由地方管理，转移条件具备后再行转移，以利提高审批效率。

（2）政府行政主管部门应牵头组织清理多头资质管理的乱象，打破部门和行业垄断，促进监理企业公平、公正的竞争。

（3）与国际惯例接轨，逐步取消企业资质，强化个人从业资格，推动建立国际通行的以个人从业资格为主的市场准入管理制度。

（四）规范市场行为，引导市场原则，加强工程监理的市场化建设

针对工业建设项目的管理和技术特点，提出规范工业项目建设监理市场行为的制度，引导工业项目建设监理市场原则，探索适宜的招投标方式方法，形成行业的市场指导价，完善、修订工业项目建设监理规范和服务导则，推进工程监理的市场化建设。

1.规范工业项目建设监理市场行为

建设（投资）、设计、监理、施工和设备供应单位是工程建设市场的主体。建设（投资）单位的要约（招标）、其他被委托方的承诺、各方的履约是工程建设市场的主要行为。长期以来，政府主管部门负责依法管理工程建设市场，少有对建设（投资）单位市场行为的监管和规范。

（1）规范建设监理的招标和合同要约。住建部发布的建设监理合同范本未能全面反映工业建设项目的管理特点和合同要约，应结合各专业特点进行适当的修订。

赋予建设（投资）单位足够的自主选择权，不应以资质等级为首选、必选条件，而应以企业工程业绩经验、履约能力，专员人员的配置和素质、对监理项目的理解和认识以及拟采取的监理措施为主要考察内容，通过资格预审选择适宜的监理企业。

赋予建设（投资）单位足够的自主选择权，根据工程建设项目的特点和具体要求，有针对性地拟定监理委托合同条款，报请建设主管部门（条件成熟后，可委托行业协会）审批，然后进行公开（邀请）招标或者议标。合同是约束市场各方行为的准则，必须严格遵守，一旦缔约，不可随意更改。

（2）规范监理企业的履约行为。监理企业应仔细研读监理委托合同文本，深刻了解、研究将承担监理的建设项目的设计方案、技术特点、合同管理风险等问题，仔细研究建设单位的管理特点和需求，认真制订监理措施，合理配置有经验的专业技术、管理人员，提出合理报价。行业协会受建设（投资）单位或者政府主管部门的委托，对监理企业的履约行为进行规范管理和指导。

2.引导工业项目建设监理市场原则

引导监理企业的市场经营原则，倡导公平竞争，依法执业，诚信服务，合理收费，信守合同。抵制低价恶性竞争，对于低于成本价投标监理企业和行为公开曝光。引导监理企业诚信经营，推广宣传诚信的典范，鼓励监理企业成为建设单位的价值创造者、好伙伴、好管家、好顾问。引导监理企业仔细研究、贯彻合同原则，让现场执行人员熟知合同条款，严格执行合同条款，恪守职责。

3.科学合理地制定行业监理取费参考价

1992年9月8日国家物价局、建设部联合发布了《关于发布工程建设监理费有关规定的通知》【（92）价费字479号】文，自1992年10月1日起执行。这个文件标志着监理服务有偿取费制度的建立，监理人员以智力为业主提供的服务得到了社会的认可。在监理行业十几年的发展过程中，在劳动力工资涨幅不断增加、物价水平不断增加的同时，监理服务的内容和责任逐渐增多，如增加旁站监理、分户验收、被赋予监理的安全管理职责等，监理单位的工作量大大增加，监理人员的责任被扩大，而监理取费标准明显过低，反映出监理人员的责、权、利不匹配，影响了监理队伍和监理企业的稳定。2007年3月30日国家发改委、建设部在广泛调研的基础上，出台了《建设工程监理与相关服务收费管理规定》（发改价字【2007】670号）（以下简称"670号文"）。时至今日，该文件仍是指导监理取费的依据，从某种意义上讲它是监理企业赖以生存的源泉。

虽然"670号文"的下发，促进了监理企业的效益提高、队伍稳定和技术进步，对工程监理行业的发展起到了一定的推动作用。但取费标准也存在一些弊端，如取费计算过于复杂、未能推行按人员取费的方案、取消下浮幅度但效果不尽人意等，另外各方面形势也发生了较大变化，物价增长，建筑市场其他行业，尤其是劳动力工资涨幅不断增加，导致监理费偏低更加明显，监理人员流失严重，新补充人员素质下降，监理效果和社会地位有所下滑，监理行业的发展遇到前所未有的困惑。2014年7月10日，国家发改委发改价格［2014］1573号文明确，放开工程监理服务收费标准，实行市场调节价，这对监理行业是一次重要的考验，也是监理行业适应市场竞争机制，重新定位和发展的机遇。

（1）在提高服务质量的基础上，提高监理取费标准应是不变的方向。为调动监理人员的积极性，使监理企业有充裕的发展积累，更好地培育监理行业的发展，稳定和提高监理队伍及其素质，进而保证监理行业的发展壮大，提高监理费用是监理行业健康发展的经营战略。

（2）由行业协会牵头组织制定按监理企业等级（综合、甲级、乙级……）、企业资信等情况发布取费的参考价，以充分体现不同级别的企业品牌、实力价值。

（3）研究按人力资源投入及管理费的取费方式。在监理招标中，监理报价已不应作为竞标条件，评审的主要内容是监理大纲，但同等资质的大纲中的各种监理措施相差无几，投入的监理设施更是基本一致，其他商务条件、贯标情况、财务资信等也基本相同，几乎没有显示出竞争的层次差别，可以说竞争的核心就是各企业所投入的人力资源，即监理部的构成，包括总监理工程师的资质、业绩、基本条件，各专业监理人员的数量、专业、资格、职称、年龄等。目前的建筑市场已经具备了按人力资源投入计取监理费的环境。

4.加强监理企业自身能力建设，提升企业竞争力，鼓励有条件的大型工程监理单位向项目管理公司发展

通过行业自律和市场监管，促使监理企业加强自身能力建设，提升企业竞争力。着重提升监理企业文化建设、战略能力、创新能力、市场营销能力、人力资源以及对监理企业发展作用日益显著的因素——知识管理。

工程监理企业在选择、制定发展战略时，应确立以客户价值为导向的经营理念，建立发现重要目标客户并提供高效服务的机制，进而提高其核心竞争力。同时要从树立"系统创新"思维的理念、创建学习型组织、提升创新增值服务等方面进行创新。要高度重视人力资源开发与管理工作，通过完善的人才选拔和激励机制，优化人才结构，形成本企业核心骨干队伍，强化继续教育，提高监理人员素质；建立多层次激励机制，以最大限度地实现顾客价值，提高工程监理企业核心竞争力。加强企业的信息化建设，建立以网络技术为支撑的知识管理基础平台，建立和健全知识管理系统中的共享与创新机制，培育"知识共享"的企业文化和学习型企业。积极探索和研究高科技手段在监理工作中的应用和有效的监理方式，改变工程监理在技术服务过程中呈现为劳动密集型企业的不正常现象，真正体现以知识和技术为先导的智力密集型服务企业特点。

鼓励有条件的大型工程监理单位提高工程建设管理水平，增强综合实力，朝着"做优、做强"的目标，向项目管理公司转型发展。面向国内、国际两个市场，以其自身的专业技术、工程经验和项目管理能力代表业主组织和管理整个建设项目，开展"交钥匙"方式的工程建设项目总承包业务（PMC）和全过程项目管理服务业务（PM）模式。

5.加强诚信体系建设，健全工程监理监管体系

建立行业诚信体系是保障监理市场良性发展的重要机制，也是监理行业市场化深入改革的必要条件。诚信体系包括行业行为标准、行业信用记录、对失信行为的惩罚、参与者信用披露等四个部分。建立诚信体系应从以下三方面入手：

（1）建立健全企业信用方面的法律法规和行业的规章，设立行业市场行为标准，使企业在信用体系中有法可律、有章可循，在"法""律"的刚性框架下，使企业必须自律。

（2）建立行业内监理企业和企业所属专业技术人员的信用档案信息系统，使其信用记录公开化。同时实施工程担保和保险制度（即监理咨询企业职业责任险，施工企业工程履约担保制度），有利于加强对违法、违约行为的制约和处罚，促使建筑市场中的各方主体慎重履行自己的职责。

（3）在行业内部设立荣誉平台和曝光平台，对本行业内部发生的典型事迹通过荣誉平台进行表扬，对发生严重监理责任事故者在本行业协会内进行曝光、通报，通过上述形式促进企业加强管理、创新发展。鼓励发展品牌企业，以品牌促经营，以品牌求发展的理念逐步渗入企业的战略中，使品牌运营成为企业在市场竞争中的重要手段。建立和完善工程监理企业和个人的诚信体系平台。可以分别建立企业、人员和项目的信息库，并实现市场信息系统与政府信息系统的实时对接，对企业、人员和项目在运作过程中的违法违规行为及时进行通报批评，对好的案例及时表彰和奖励，从而通过加强诚信体系的建设，健全工程监理监管体系，促进工程

监理制度的健康发展。在建立信息平台的过程中，行业协会应起到积极的配合作用，特别要担负起行业自律管理的重要责任。

6.发挥行业协会作用，推进工程监理行业健康发展

行业协会是政府部门的参谋和助手，同时又是政府部门与工程监理企业、监理工程师之间的桥梁和纽带，要充分发挥行业协会作用，推进工程监理行业健康发展。

（1）加强行业调查和理论研究，为政府部门制定法规政策、行业发展规划及标准当好参谋和助手。行业协会要深入调查行业现状，开展工程监理与项目管理的理论研究工作，积极探讨行业重点、热点问题和亟待解决的紧迫问题，积极向政府主管部门反映行业诉求，并为政府有关部门制定法规政策、行业发展规划及标准提供支持，推动工程监理行业发展环境的不断完善。

（2）搭建交流平台，推动工程监理技术进步，提供人才培养、培训服务，为工程监理企业、注册监理工程师提供优质的相关服务。行业协会要积极搭建政府与企业、注册监理工程师之间的交流平台，培育和完善行业文化，引导工程监理行业健康发展；积极搭建国内外企业交流平台，促进学习型组织的建立和国内外企业间的交流与合作，推动大型工程监理企业的国际化进程。

（3）健全行业自律机制，为推动建筑市场诚信体系建设发挥作用。行业协会要健全行业自律机制，研究制定工程监理企业、注册监理工程师信用评价标准，推动建立工程监理信用信息平台，为推动建筑市场诚信体系建设发挥行业协会的重要作用。

五、加强行业协会建设，推动工程监理市场发展

（一）确立行业协会组织的法律地位

目前，我国除了发布过有关协会发展的"意见"、"通知"和"办法"之类的工作指导文件之外，没有订立与行业协会相关的法律、法规。各省（市）、各行业自行制定的相关规定地方特色太重，对协会的发展不利。

1.确立协会的民法地位

将社会组织的权利和义务纳入民法体系，使行业协会组织具有基本的法律保障。目前《民法典》正在修订中，社会组织的法律地位应争取在本次修订中写入民法，一旦修订完毕，再次修订需要很长的等待时间。从法律上给予行业协会组织明确的定位是保证协会健康发展的前提。

2.订立行业协会单行法

法律法规的滞后已经严重制约了行业协会的发展，尽快建立行业协会社会保障制度和税收制度等相关的法律、法规是政府职能转变期的当务之急。通过立法，用法律的手段取代行政管理。对行业协会的监督由各相关部门依照法规执行。避免更多的人为限制和随意性很强的行政行为，给予行业协会自由发展的空间。

3.取消双重管理体制

《国务院机构改革和职能转变方案》已明确"逐步推进行业协会商会与行政机关脱钩"。改变协会的双重管理体制是行业协会发展的趋势。将原由业务主管单位承担监管职责，通过法律、法规的形式明确和固定下来。相关的政府部门负责依照行业法规管理和监督行业协会。理顺管理体制，明确监督管理职责。现行的双重管理体制，登记管理机关和业务主管部门均有管理职能。这种监督职责非常宽泛，没有边际，不利执行。

（二）明确行业协会的职能定位

1.行业协会是民间组织

行业协会是本行业中会员企业自愿组成的民间组织，而不是政府的下属单位，其主要功能是代表和维护本行业的利益，主要的职责是为会员提供服务，在服务的同时建立威信形成自律，在自律的基础上对企业形成管理与约束。

2.行业协会是自律组织

行业协会是一种非营利的自律性组织，延伸政府服务，增强社会自律，完善市场体制。沟通连接政府和会员之间联系是实现其宗旨的途径，是在

这种职能的实现过程中充当了政府与企业的桥梁与纽带，而不是在充当桥梁纽带过程中发挥作用。

3.行业协会具有特定的职能

建议参照国外行业协会职能定位与国内城市的改革试点，在法规中明确出行业协会的职能细目、行业协会自律、协调、监督和维权职能细目。一是不能成为政府的执行机构，不能因为承接政府职能的转移而变相延伸政府的职能；二是对于已经在行使或参与的一些职能，应根据实际能力来作出正确的选择。

（三）给予行业协会必要的扶持

行业协会一直是在政府主管部门和行业主管部门的关怀下成长的，要成为独立的、自治的民间组织，还有很长的路要走，还需要政策的引导、社会的培育、会员的认可、市场的历练。

1.制定行业协会管理办法

前面已经提出过要尽快订立行业协会组织的相关法律。在具体的管理上还应该有专门的管理办法。行业协会与其他民间组织有着明显的区别，在宗旨、服务对象、手段等方面具有独特性。因此，要求采取不同的管理手段。行业协会的专门立法现在已经提上了日程。按照现代市场经济和社会发展的规律来监督管理，尽快制定适合行业协会的有效的管理办法和管理手段是发展行业协会迫切需要解决的问题。

2.正确引导科学管理

加强管理能力和管理手段建设，科学管理和引导行业协会建设。行业协会与发展市场经济关系最紧密，政策性创新性最强，管理能力和手段需要不断加强。在对行业协会的管理与指导上，要注重科学引导，通过示范性行业协会的建立，建设行业协会内部制度的规范，加强和引导行业协会与国外的联系。

3.大力扶持促进发展

我国的协会组织发展起步较晚，同国外的协会组织相比存在很大的差距。培育和扶持协会组织是市场经济发展的需要，是企业共同利益的需要，是经济市场化和全球化的需要。首先是通过购买制度的建立保证行业协会发展经费。影响和制约行业协会发展的最主要原因是经费。对于行业协会的投入主要不是政府投资，而是各种购买机制的建立，这是给予行业协会

生存的保障。但我国政府对于行业协会的各种购买机制与资金支持都没有建立起来。行业协会已经通过行业统计、行业调研、行业报告等为政府制定政策提供服务，但是这些服务基本上是义务劳动。政府通过购买服务，促进行业协会发展的同时也有利于政府工作开展。其次是放宽政策，给予行业协会更大的发展空间。行业协会的产生，由市场自主选择，要充分尊重企业意愿，不能强行组合。再次是尽快建立相关配套优惠政策。加快税收、劳动保障、专职工作人员等配套政策的建立，制定行业协会专职工作人员的聘用标准、薪酬制度、培训制度等。

行业协会的发展和管理涉及经济体制改革的深层次，有法律的建立、制度的完善、观念的更新、体制的改变，等等。行业协会的发展与社会政治、经济体制的改革息息相关，对社会主义市场经济体制的建立具有重要意义。政府对行业协会的态度、政府转变职能的程度、政府对行业协会的扶持力度、协会的自主意识、协会的自理能力、协会的管理水平，将在很大程度上决定行业协会的生存空间和发展前景。

（四）保证行业协会的良性发展

1.调整行业协会准入制度

促进民间性的行业协会发展，要从源头清理官办社团的土壤，改变双重管理体制，把好行业协会准入关。解决问题的关键在于修改法律、法规，充分考虑行业发展的不平衡性，使一些条件不成熟的行业协会有一个发展的机会；在有关法律、法规制定过程中要逐步放宽限定，改变现行的重审批、轻管理的状态，使行业协会的管理与国际接轨；降低民间组织的门槛，放宽政策，采取登记制与备案制双行的办法；对于已具备成立条件的民间行业协会使其顺利纳入依法管理的轨道，对于暂时不具备条件的民间行业协会尤其是新兴领域的行业协会采取备案制予以扶持，待其发展成熟再纳入法制管理。

2.逐步建立民主办会机制

坚持"政社分离"、民主办会的发展目标。行业协会的民间化程度与领导机构的产生、经费的来源、工作人员的身份、工作业务等有密切关系。坚持"政社分离"主要是指政府与协会的管辖权、决策权的分

开，使业务主管部门不再是行业协会的直接上级。逐渐切断行业协会与业务主管单位的依附关系，严格按照会员单位的意愿产生领导机构，按照代表会议制度进行决策，通过会费、社会资助、提供服务等方式获取经费，成为民主自治的民间组织。

（五）规范行业协会的发展

1.加强内部协调和监管

行业协会的性质特征是为会员企业服务，会员企业的利益是协会的最高利益。行业协会内部会员之间的相互竞争十分激烈，并且，有时行业协会就是为了调节这种相互竞争而建立并生存。这预示着行业协会的有效动作的难度。任何一个环节都会导致整体的恶性循环。行业协会威信不高、会员不愿加入、会费收取难、营利倾向严重、协调能力弱等问题最终体现在协会自身能力建设不足、自律意识差、民主参与不够这几个方面。应该加强对行业协会的监督管理，促进其自律意识和自身建设保证其健康发展。

2.建立社会评估体制

行业协会的责任机制存在不足。行业协会自身建设问题也十分突出，经费不足、协调能力弱、组织权威不够、覆盖面过窄、公信力不足等问题已经严重制约了行业协会的健康发展，同时也影响了中国政治、经济体制改革的进程。解决这些问题关键就是建立中国协会组织的评估机制，通过制度化的评估促进中国协会组织的行业协会责任、效率与社会公信度的提高。第三方社会评估机制是促进行业协会组织健康发展的有效途径。

（全文完）

参考文献：

1. 中共中央《关于全面深化改革若干重大问题的决定》，2013年11月12日中国共产党第十八届中央委员会第三次全体会议通过；
2. 关于推进文化创意和设计服务与相关产业融合发展的若干意见，国务院，国发〔2014〕10号；
3. 国务院机构改革和职能转变方案，新华网 2013-03-14；
4. 关于加快推进行业协会商会改革和发展的若干意见，国务院办公厅，国办发[2007]36号；
5. 关于推进建筑业发展和改革的若干意见，住房城乡建设部，建市[2014]92号；
6. 中国与世行合作30周年述评，新华网 2010年09月14日；
7. 向纵深推进简政放权，人民日报，2014年04月20日；
8. 鲁布革建设项目管理实践；
9. 我国强制监理制度的现实意义及发展趋势分析，顾小鹏，《建设监理》，2008年第3期。
10. 《建设工程监理规范》（GB/T 50319-2013）
11. 《国家发改委关于放开部分建设项目服务收费标准有关问题通知》（发改价格〔2014〕1573号）
12. 《建设工程监理概论》
13. 《工程咨询概论》，全国注册咨询工程师（投资）资格考试参考教材编写委员会，中国计划出版社，ISBN，9787802426962。
14. 《工程项目管理指南》，天津大学出版社。

特别感谢以下人员及单位对本课题的支持：

课题组组长单位：中国铁道工程建设协会
　　　　　　　　中国电力企业协会
　　　　　　　　中国建设监理协会水电建设监理分会
课题组参编单位：中国煤炭建设协会监理委员会
　　　　　　　　中国冶金建设协会监理委员会
　　　　　　　　中国轻工业勘察设计协会
　　　　　　　　中国兵器工业建设协会建设监理分会
　　　　　　　　中国建设监理协会机械分会
课题组成员：肖上潘　尤京　孙玉生　许以俪　牛斌仙　徐文　李明安　董晓辉　黄慧　邓涛　陈进军
评审组成员（排名不分先后）：王永银　刘伊生　黄文杰　雷开贵　周元超　马引代　张瑞　李彦华　孙雨心　屠晓泉　王瑞斌　高宗斌　张举春　龚仁燕　任京梅　王红　孙勇　栾继强　王威翰　汪国武　刘成彬　朱泽州　成跃利　郝树林　赵凯
课题支持单位：河南长城铁路建设工程咨询有限公司　北京铁建工程监理有限公司　北京五环国际工程管理有限公司　北京远达国际工程管理咨询有限公司　京兴国际工程管理有限公司

廉洁自律——监理人不可缺失的职业道德之一

山西方园建设工程项目管理有限公司　苏　菊

摘　要　本文从五个方面阐述作为监理人如何做到廉洁自律。

关键词　廉洁自律　监理人　反腐倡廉

"廉"就是不贪取不应得的钱财；"洁"是洁白，就是指人生光明磊落的态度；简单地说，廉洁就是说我们做人要有清清白白的行为，光明磊落的态度。

讲到廉洁，大多数监理人会说跟自己没多大关系，要腐败当然是有权力才有机会，自己仅仅是普通监理，当然没有腐败的土壤和条件，也就没有腐败可能，因而认为讲廉洁、谈廉政应该是领导的事，于是事不关己，高高挂起，或者泰然处之，漠不关心。

作为监理人，虽然身处平凡的岗位，但同样需要廉洁从业，勤奋工作，恪尽职守，因为我们是监理行业，每个监理人或大或小都有一定的权力，因此，讲廉洁自律，与我们每一个人、每一名员工并非毫无干系。廉政建设迫在眉睫，反腐倡廉与我们每个人都息息相关！做好反腐倡廉工作我们义不容辞，责无旁贷。

1.廉政建设总体形势

当前，我国正处在腐败易发多发期。2009年我国严肃查处了一批违纪违法案件。近期，中央纪委工作报告指出，我国正处于并将长期处于社会主义初级阶段，这是一个从传统的计划经济体制向社会主义市场经济体制转换的长期过程。按照党中央确定的目标，我国在2010年左右初步建立社会主义市场经济体制的基本框架，再经过10年（到2020年）左右使这一体制更加完善。也就是说，我国经济体制的转换要到2020年左右才能基本完成。实践证明，当一个国家处在经济结构转型、经济快速增长的阶段，也往往是腐败现象的高发期。过去计划经济体制下不曾发生的腐败现象，将来市场经济体制完善后不易产生的腐败现象，都可能在这个历史阶段发生。这是这个历史阶段的一个非常重要的特征。因此我们说，在整个社会主义初级阶段存在腐败现象，是不以人们的主观意志为转移的客观现实，不能用理想化的纯而又纯的眼光看待我国现阶段的事物，不能因为出现腐败现象而大惊小怪，从此不敢搞改革开放，更不能因此而否定社会主义制度。

2.监理行业面临的反腐倡廉形势

人们普遍认为监理行业是有权力、有地位的行业，工程建设投资动辄上千万、上亿，只要稍动一点心思就有利可图。近年来，建设领域发生的大案历历在目，我们监理行业经济违法案件也时有发生，吃拿卡要、索取好处，已成为建设领域内的关注点。这些行为和现象虽然只发生在少数人身上，我们应该有科学客观的态度看待，不可以偏概全来否定整个行业，但切不可放松对腐败的预防和惩治，要坚持两手抓、两手都要硬，靠廉洁自律，积极预防腐败的发生。

3.监理行业滋生腐败的几种主要表现形式

吃：吃人嘴短。借监理工程师的特有权限，轻易到不该去的饭局。一是下馆子，一桌饭少则几百元，多则上千元，一杯酒喝完后，不该办的事情有了着落，不该签的字由不了自己。二是另立小灶，施工单位为了方便，专门为监理另立小灶。监理借机免费餐饮。日子一长，监理该管的事只有睁一只眼闭一只眼，不好意思再开口提意见，任施工单位作为，监理形同虚设，给监理队伍的整体形象造成损害。

拿：接受钱财。施工单位为了验收方便通过，借过节之机，送钱、送卡、送礼品。有的监理工程师于自己的身份不顾，随意收取。俗话说，拿人手软。收受别人礼物之后总要"寻机回报"，这样，带来的是不合格材料进场，不合格工程验收，势必给国家、人民财产带来巨大损失。

卡：借机设卡。监理人理应是建设项目公正的第三方，服务于建设单位。在建设项目的进度、投资、质量控制，合同、信息管理以及各有关方的协调中起着不可缺少的作用。但有的监理人员不顾自己的职业道德准则，利用建设单位和法律赋予的权力，对施工单位设卡添堵，该验收的项目不组织验收，该签字认可的不签字，工作推诿，作风拖拉，延误战机、延误工期，伤害了建设单位的利益，损害了监理队伍形象。

要：要钱要物。利用工作之便，向施工单位索要钱财，工程开工要，材料进场要，竣工验收要。见什么要什么，水泥、钢材、装修材料，甚至还要施工队伍人员为其义务劳动。更有甚者，有的监理人员每月收受施工单位的酬劳，如不能满足，就穿小鞋、扣大帽、变法刁难。

4.健全长效机制，根治"吃拿卡要"

根治"吃拿卡要"这一顽症，必须建立健全长效机制，发挥制度的根本性、全局性和长期性作用，从源头上杜绝"吃拿卡要"等现象的反复发生。但是我们还要看到，要杜绝吃拿卡要行为，仅靠集中整治是不现实的。实践也证明，对一些不良风气和恶劣行为，如果只靠集中行动，往往是管得了一时，管不住长久。唯有立足于科学长效的制度的构建与执行。作者认为，健全长效机制，要把握几个要点：

1）加强思想教育是前提。各级监理人员特别是总监理工程师，一方面要摒弃私心杂念，跳出私利窠臼，另一方面要树立正确的权力观，用好权、管好手。该做什么，不该做什么？一定要以有利于国家项目建设和公司利益为己任，万不能打小算盘为己谋私利。监理单位要不断加强思想教育，积极挖掘和树立正面典型，推动全体监理人员思想觉醒、行动自觉；第三还要结合反面典型开展警示教育，公开处理行为不端、群众意见大的反面事例，努力提高监理人员做事做人的道德伦理水平和抵御防范能力，切实增强杜绝"吃拿卡要"的自觉性，真正做到高效、为民、务实、清廉。

2）推进"阳光作业"是关键。"吃拿卡要"是顽症，但非不治之症，最有效的"药方"是让权力在阳光下运行，消除"吃拿卡要"的空间。进一步推进"公开"监理，向建设、施工等方面公布所有监理流程和具体办事程序，实现"阳光作业"。要严格按照限时办结、服务承诺、一次性告知、离岗告示、绩效考核等制度执行，使贴在墙上的各项制度不仅能落得实、行得通，而且能管得住、用得好，以彻底搬掉各类"绊脚石"，确保监理合同的全面正确落实。

3）完善监督、严厉惩处是保证。公司强化过错道歉、效能约谈、责任追究等措施，实行"督权问责"。公司要建立效能日常监督检查机制，开展定期巡查和不定期抽查暗访，坚决遏制不作为、乱作为、慢作为等现象的发生。

有了科学、系统、完善的长效机制作保障，"吃拿卡要"不会不少，当权力依法依规行使、监督有效实施成为常态时，"吃拿卡要"等破坏发展环境者才能无处遁形。

5. 如何做到廉洁自律

1）修好一个"德"字

修好一个"德"字，必须做到以下几点：一是自重。就是要尊重自己的人格，珍惜自己的名誉，塑造好自己的形象，勤奋工作，不辱使命，既不骄傲自满，又不妄自菲薄。特别是在赢得赞誉时，更应保持清醒头脑，切忌得意忘形。二是自省。就是要经常想想自己，所言所行是否符合监理人的职业道德规范。防微杜渐，特别是在无人监督时，我们更应严格要求，洁身自好，不断净化灵魂，提升道德水准。三是自警。就是要管住小节，警钟长鸣，时时以党纪国法告诫自己，用廉洁自律原则要求自己。同时，汲取反面典型教训，举一反三，引以为戒，避免重蹈覆辙。

2）抓好一个"学"字

加强学习，不仅是监理人提高自身政治理论水平和专业知识水平的重要途径，也是提高自身精神境界的重要途径。

在学习内容上，要重点学好毛泽东、习近平等党和国家领导人关于廉洁自律的有关论述和重要思想，树立马克思主义的世界观、人生观、价值观和正确的权力观、地位观、利益观。提高修养，不断加强主观世界的改造，坚定中国特色社会主义信念，

保持良好的精神状态。同时要学好工程建设法律法规，依法办事，依规操作，以德感人，依绩取薪。

3）练好一个"勤"字

工作上踏踏实实，勤奋务实。要以埋头苦干、只争朝夕的精神状态，把自己的精力用在踏踏实实工作上，要常怀为民之心，常听为民之言，常思为民之策，常兴为民之举，常记为民之托，始终坚持防微杜渐，勿使小节成大恶；反腐倡廉，常将警钟鸣心头，诚心诚意为人民谋利益。

4）写好一个"廉"字

要写出"廉"字，并不难，要做好"廉"字，也并非易事。

从字的构造来看，广、兼为廉，反映了古人造字时的良苦用心。意为不得多拿多占，要广泛兼顾，做到大家都有，一样公平，才是"廉"，这是古人廉字构造较为简单明了的意义。作为监理人，要深刻领会其中的含义，用实际行动写好这个"廉"字。我们廉洁与否要经得起时间的检验，经得起上级、下级以及大家的检验。

廉洁自律是监理人不可缺失的道德准则，我们只有时时抓、事事抓、天天抓、长期抓，才能抓出成效。潮平则岸阔，源洁则流清，身直则形端，风正则旗红。愿我们监理行业紧跟形势建伟业，愿我们监理人廉洁自律立新功。

向青草更青处漫溯
——专访中国工程监理大师束拉

河南省建设监理协会　耿　春

河南省建设监理协会专家组副组长郭玉明曾半开玩笑地说，工程监理大师束拉是河南监理行业的常青树，跟他一起出道的监理创业者们多数都已离开监理，可历经三十年，束拉仍然工作在监理一线，仍然对监理行业情深意长，工程监理俨然是他生活的一部分，如果在河南省监理行业选出一位明星监理人，一定是束拉。

此言不虚。自从跨入监理行业的大门，束拉再未离开过监理岗位，在郑州大学从事建设管理一线本科教学，培养研究生的同时，还在河南建达工程建设监理公司任技术负责人，并在多项工程项目担任总监理工程师职务。他的项目永远是标杆，没有例外。在高标准严要求下，施工单位不敢怠

慢，建设单位充分授权，监理的价值得到极大的体现，通过"四桥一路"、新郑国际机场、省委办公楼、环城快速路嵩山路立交桥、河南省人民医院病房楼、安阳大学迁建工程、河南省游泳馆等精品工程，监理作用得到了社会的充分认可，束拉也成为河南监理行业的一面旗帜，无出其右。

经年不再。工程监理制度不觉间，已悄然走过了27个年头，曾经年轻帅气的总监理工程师束拉，如今业已两鬓晨霜，过往的点滴如潺潺溪流，或欢快、或忧郁、或深沉、或悠远、带着令人沉思的魅力。

早春三月，阳光明媚，郑州碧空如洗。和煦的阳光驱散了初春的寒冷，洒满了城市的每一个角落。走进郑州大学校园，林荫大道的深处，掩映着

河南省人民医院病房楼工程（国家优质工程银奖）

河南省体育中心体育场工程（国家优质工程银奖）

一座5层小楼，这就是河南建达工程建设监理公司的所在。从创建河南建达监理公司伊始，束拉在这座白色小楼上整整工作了20个春秋。

束拉的家离单位很近，穿过一条街道，就是郑州大学工学院的校门，走进校园，枝叶缝隙间洒落下来的阳光，在林荫路上留下斑驳的光影，正是在这样平静如水的时光里，束拉无数次地踱步于这里，思考着监理行业过往的历史、复杂的现实和向往的未来，其对时下监理热点难点问题的观点也日渐清晰，并通过教学、会议、著书等方式丰富自己，也改变和影响着周围。诚如他自己所说，我们正处在监理行业发展创新的伟大年代，每一位监理从业人员都是这个行业的主角，一点一滴的努力，都值得珍视，都是行业发展进步的力量。

《中国建设监理与咨询》通讯员在束拉教授的办公室里，专访了这位中国工程监理大师，近距离感受了束拉大师的亲和力和广博的知识储备。

话题从寒暄问候开始。束拉的心情和当天的天气一样好，澄净，平和。干净整洁的办公室，除了书本之外，没有其他杂物，简约淳朴。他亲热地让座、倒茶，清冽的空气带着一丝校园的宁静，从微微推开的窗户侧面飘进屋来，让人倍感舒适。

随着话题的不断展开，我们了解了他崇尚深思熟虑之后的行动，从容理性，工作严谨认真，这

和其供职的建达监理公司踏实沉着的企业风格多少有点相似。束拉祖籍是有"八邑名都"、"三吴重镇"之称的常州，地处长江之南、太湖之滨。中国地域幅员辽阔，文化悠远深厚，区域的地理环境和风俗文化深刻影响着一个人的性格特征，历史的积淀更是融入血脉，磨灭不掉。江浙多灵秀，大江滔滔，太湖淼淼，操吴侬软语的江南人，多半情感细腻，生活简约隽永，这一点，束拉尤甚。正直诚实，待人温和，易于相处，不事张扬、低调内敛的性格特征让束拉充满人格魅力和君子气度。但也正如河南省监理协会常务副会长赵艳华所言，别人在做加法，束拉一直做减法，他有无数次的机缘可以下海创业，拥有自己的私人公司和股份，但他最终选择了简单的生活方式，将监理作为事业去耕耘，用专业水准实现了自己的人生价值。

一个行业可以影响一个群体，同样，一个群体也可以影响一个行业。仅有近30年发展历程的监理行业，在改革开放波澜壮阔的历史进程中，映衬着这个时代的喜怒哀乐。如果用最朴素的方式讲述一个并不久远的故事，那么，那些投身于监理行业创新发展的探索者们，必然是这个故事的主角，而束拉，就是其中的一员。

1989年，监理制度试点推广，制度架构、实施程序和工作内容不仅需要借鉴国外的项目管理理

郑州市黄郭路–嵩山路—南三环立交桥工程（国家市政金杯奖）

河南省体育中心游泳跳水馆工程（国家优质工程银奖）

念及实践经验，更需结合中国工程建设的现实状况创新发展，形成自己的建设管理体制机制。探索和总结的任务总是带有极大的挑战性。束拉积极投身于工程建设监理的理论研究与实践活动，1991年，参与广东省惠州市大亚湾开发区的建设监理工作，时任大亚湾工程建设监理公司副经理、副总工程师，在开发区成龙花园、世外桃源等多个大型工程项目上担任总监理工程师职务。

时代演进的力量，无可阻挡，也正因为此，南宋词人辛弃疾发出了"青山遮不住，毕竟东流去"的感叹。在中国社会由计划经济向市场经济迈进的历史大转型时期，转型升级成为监理行业的主旋律，而让我们深谋远虑的，不仅仅是现实中监理行业艰难发展的悲喜纠结，还因为在这艰难发展的背后，还有理念和制度上不容易阐述的逻辑和体制机制的制约。2014年，建筑业吹响了改革的号角，监理行业弥漫着深深的危机感和焦虑情绪，行业发展主题的转换，监理企业的困惑与突破，是从传统强制监理走向现代市场化监理的必然。对此，面对企业同仁的迷茫、不知所措，束拉忧心忡忡，在不同的场合，不遗余力解读政策的实质内涵，梳理改革的线条脉络，呼吁同行正确地对待监理行业的改革与发展。在河南省建设监理协会的年会上，束拉做了一个专题讲座，表达了他一贯的态度，转型是一个漫长的过程，也是一条充满艰辛坎坷的道路，其驱动力和路径不可能来自于外界，而只能来自于企业内部的自我变革，需要在企业在既有的优势下，寻找和挖掘新的市场空间，培育新的增长点，不要幻想短期内就完成转型，首先要做的是监理自身的能力建设。

初心优雅。监理行业历史定位与现实困境的纠结，让束拉常常苦恼，但有时也无可奈何。当问到为什么670号文被彻底废除的那一刻，现实的执行效果依然没能令业界满意，束拉沉吟片刻，若有所思，没有正面回答，只是说，建筑行业管理是宏观管理，必须按《建筑法》进行法制管理，发展和依托建筑市场，发挥建筑市场运行机制的作用，按市场规律运行，让监理招标投标活动法制化，市场竞争规范化，要按照市场规律进行企业治理，提升企业的转型能力。

20世纪90年代，监理行业初创时期，法规制度体系缺乏，监理制度刚刚推行，但社会给予监理工程师极大的专业认可，知识密集型、智力密集型的桂冠实至名归。1992年，束拉参与筹建河南建达工程建设监理公司，其后，建达监理一路成长，成为全国先进、河南省综合实力20强的行业领军监理单位，束拉历任副总经理、副总工程师、总工程师，致力于打造建达监理的规范化和标准化建设，推动建达监理公司走上了更大格局的发展道路。

深感于工程实践中的困惑，也为理论研究和教学提供更宽广的视野，2003年，束拉远渡重洋，进入英国纽卡斯尔大学，攻读全日制工程管理博士学位。在这座环境宁静优美的校园里，束拉度过了4年紧张的读书和研究时光，饱览了西方经典的工程管理典籍，掌握了西方前沿的工程管理理念，了解了西方建筑行业的最新动态，也参与了英国建设管理的工程实践，并以此反思中国的工程管理理论发展与实践问题。2006年，束拉完成博士学位，毅然离开英国，踏上归国的旅程，继续投身于工程监理制度的研究和实践，为河南监理行业培养了一大批管理理论与工程实践兼备的实用型人才。

访谈中，束拉的一句话让我们心中五味杂陈："中国监理行业衣食无忧的盛宴时代已经结束，市场化就在不远处，清晰可见，工程咨询业市场化的大门正向我们徐徐敞开，但我们的素质还远远没有达到市场化的需要。"笔者深深理解，也深深忧虑。2015年初，全面放开监理市场服务

价格的改革信号，一再提醒我们，监理行业已经到了再探讨和再出发的历史关口，我们需要创新的精神和眼光，重新打量二十多年的旧有模式，改写行业生态，催生新的业态。监理行业已经走过了近三十年历程，却依然没有准备好。束拉一再强调，只有落后的行业，没有落后的企业，在新的形势面前，监理企业必须反思自我，适应新的常态，形成新的增长，创新模式，好好挖掘业主的需求，重塑监理的价值和意义，重新定义监理的属性，让监理回归市场。

畅销书《大数据》的作者涂子沛说，中国已在两次工业革命中落后，在信息革命中不能再落后了。用数据说话，将企业管理置于大数据时代的视野之内，从而实现精准有效的量化管理，将是中国企业发展的新动力，也是管理者迫切需要掌握的能力。束拉推荐过此书，也深谙信息化建设对于监理行业发展的重要意义。束拉在笔记本电脑上，打开了他在2014年精心开发的一个BIM课程PPT课件。看完一段BIM视频，束拉坚定地说，趋势的力量不可阻挡，BIM不仅是一个管理工具，更是一种管理思想，尽管目前推行起来有点困难，但终究会普及开的。也许这就是束拉对于监理信息化的态度和认识。

一个变革时代往往赋予理想者极大的幸运，一个浮躁年代也往往凸显专注者的可贵，稀缺品之所以珍贵，是由于它往往很难被复制。作为一个思考者和行动者，梳理束拉一路走过的奋斗历程，别人无法效仿，他与监理行业同步成长，亲历过了这个行业的峥嵘岁月，也感受了这个行业的冷暖落寞，他的理念和品格给我们带来深深的启示，更具有审视的价值，正如网上很火的一句话，"如果那山不向我们走来，就让我们向那山走去"。

"人生总有起落，品质终可传承"，这是励志"褚橙"打动很多人的广告语。

以下是对话中国工程监理大师束拉的实录：

通讯员：有这样一种声音，"不转型等死，转型则会死"，您如何看待监理行业企业正在直面的这种转型的挑战和压力。

中共河南省委办公楼工程（国家优质工程银奖）

郑州市新郑机场候机楼工程（鲁班奖）

束拉：前一句不言而喻，不符合市场规律的企业一定会被市场淘汰，后一句则是弱者的悲哀，是不思求变者不能勇于直面市场需求的结果。转变经营策略，拓展服务内容，提高服务质量，只能使转型后的企业获得更大的发展，何谈转型则会死！当然，市场会遵循自然淘汰的法则，优胜劣汰，该死的就让他死吧。

通讯员：在中国经济"换挡减速"的新经济常态下，在经济结构调整中，固定资产的投资规模在下降，开建的工程项目数量在减少，这对监理行业的业务拓展带来哪些影响？

束拉：是挑战也是机遇。在建项目减少会造成市场竞争的加剧，一方面如果对市场参与各方的行为规范不能有效控制，则可能会造成不公平竞争，甚至恶意竞争，这是我们大家都不愿意看到的局面，但对于不思进取的企业则可能希望这种局面持续下去；另一方面，企业迎难而上，提高自身素质，用高质量、高智能、更专业、更全面的技术服务于市场，就能够在市场竞争中取胜。监理行业的业务拓展就需要向业主需要什么我就做什么的差异化服务拓展，不能再局限于施工阶段的质量控制，而是全寿命、各阶段都能提供相应的服务才行。

通讯员：现在，实力较强的监理企业在项目管理上，陆续采用信息化管理和现场监控等手段进行标准化管理，对此您有什么经验和建议？

束拉：我认为监理企业采用信息化管理手段提高工作效率是符合信息时代发展潮流的，但是单纯认为用计算机进行文件处理，用互联网进行信息交流就是信息化，是对信息化的曲解。信息化首先要解决的是信息，没有信息就没有信息化，什么是信息？如何收集信息？如何处理信息？如何分析信息？如何利用信息？这些都是问题。监理企业内部采用信息化管理手段只需要建立自己的OA系统就可以了。当然，由于企业的组织架构不同，OA系统的功能也会不同。而项目管理和现场管理的信息化则需要一个统一的信息平台，这样才能做到信息共享。对于现场监控的标准化管理目前还缺少一个共享平台，业主、设计、监理和施工各自为战是不可能做好信息化、标准化管理的。BIM技术的应用会对建筑业的信息化带来一场新的革命。

通讯员：目前，超高层、大体量、异形建筑越来越多，单体建筑动究投资几十个亿，针对此类工程，监理的重点和难点是什么？

束拉：无论多复杂、难度多高的建筑，从技术上我们从来都不怕。中国人有足够的聪明才智去克服施工技术困难。监理的重点和难点在于是否有足够的能力为业主提供高智商的咨询服务和现场协调。是否能真正做好三大目标控制和安全风险分析，提前进行预控。重点是预控，难点是怎样做好预控。越是复杂的建筑，越是需要监理人员在设计阶段就介入，只有在设计阶段介入，才能够真正控制投资、质量和进度。从我自身的工程经历，有太多的工程因为设计缺陷或失误，造成施工阶段花冤枉钱，既没有办法保证质量，又要拖延工期。可是，谁来做设计和施工的协调工作？谁来为业主提供专业咨询？我们现在的监理工程师素质能达到吗？现场的协调工作也同样重要，工程复杂、专业多、分包单位多，怎样才能控制好现场的工作质量比控制产品质量更需要智慧。需要有专业知识全面、协调和掌控能力强的总监，需要有掌握信息管理能力的总监。

通讯员： 面对我国建筑行业的新常态，监理单位应如何更好地为建设单位提供高质量的管理服务？

束拉： 打破传统思想，为业主提供差异化服务，尽量将单一的监理向全寿命、分阶段、分项目的咨询服务转化。业主需要什么服务就提供什么服务，不一定是全过程的监理。专而精的服务可能更灵活，也更适合业主需要。

通讯员： 一般地观察，相比建设单位、施工单位，监理人员的待遇和收入是最低的，为什么会这样？如何改善这种状况？

束拉： 因为监理不是业主必须的，是政府必须的，有些业主不愿意拿钱出来委托监理。从市场的角度看，业主是花钱买服务的，没有设计不行，没有施工也不行，可是没有监理完全可以。所以从项目管理的理论上讲，监理不是工程项目建设的主体。我们现在的主体资格是政府赋予的，大量的业主并不情愿，而是接受了目前的规定。买方市场和卖方市场的待遇肯定是不同的。再加上监理行业内的不正当竞争，更加剧了监理费用持续低迷的状态。如果业主认为只有你能做，别人都做不了的时候，费用自然就上去了。

通讯员： 对于BIM技术的推广应用，为监理行业带来哪些机遇和挑战？

束拉： BIM技术是一个系统，BIM技术的应用不仅为建筑业，而且为生产制造业带来一场信息化的革命。作为建筑业，BIM技术可以使工程项目真正实现全寿命的信息化管理，因此，BIM技术不是哪一家应用的问题，而是所有项目的参与者在同一个信息平台下实现数据共享的问题。监理行业的机遇在于项目的参与者都还不了解BIM的实质内容，大家都在同一起跑线，但监理可利用自身的

地位充分接触和了解BIM技术的具体内容。监理行业要想在这场变革中占有一席之地就必须尽快掌握BIM的核心理念，对该技术的应用和拓展领域有足够的了解，在大多数参与者尚不清楚BIM是什么东西的时候，先一步掌握BIM技术的管理能力，为业主提供咨询，对设计为主导的BIM技术应用提出建模意见，为承包商的建造过程实现BIM技术的应用奠定基础。有了BIM的数据支持，监理人员可以更好地做好三大控制目标。能否尽快适应BIM技术的快速发展，培养出适用人才，是监理行业面临的最大挑战。

通讯员： 新春伊始，发改委发文全面放开监理等5项建设工程专业服务的市场价格，这意味着，670号文失去效力，您对此有何解读和评价？

束拉： 监理要依法回归到市场中去，监理的市场行为要靠法律去规范，服务行为是由合同来约束的，只要合同双方能够接受，不存在不平等和违法条款，合同真实有效，合同双方就应该按照合同规定的责权利履约。政府只需要管理合同的合法性，不能强加合同外的责权利给当事方，所谓"法无授权不可为，法无禁止即可为"，市场行为就能够得到规范。

通讯员： 有人认为，监理是一个政策驱动型的行业，如果不再强制委托监理了，监理就没有市场需求了。那么，业主到底需不需要监理的服务，需要什么样的服务？

束拉： 那要看监理能提供什么样的服务，市场需求决定行业生存。从国外的工程实践看，监理咨询是不可缺少的，术业有专攻，投资者不可能是"全网通"，否则也不会有FIDIC（国际咨询工程师联合会）组织的存在了。

通讯员： 监理行业到了政策调整期，大小监理企业都有压力和迷茫，您能否预测一下，未来几年，监理行业会是一个什么样的格局？

束拉： 优胜劣汰，分工明确，大而全和小而专各具实力，转型快、提升快的企业会淘汰不思进取、故步自封的企业。企业还是要靠实力才能在市场中生存。

企业创新发展之路

浙江江南工程管理股份有限公司　陈　雯

摘　要　在激烈的市场竞争中，任何一个企业想要获得生存与发展的市场空间，都要有独特的竞争优势。这种竞争优势，可以是独具特色的产品，也可以是比竞争对手更低的成本支出，或者是领先于他人的专业技术，还可以是高效灵活的企业机制与管理体系等。本文总结回顾了江南管理三十年的发展历程，尤其是企业改制后的十二年，在无政府背景和国有母企庇荫的情况下，公司坚持发展是硬道理，抓住企业转型升级、提升竞争力的各个重要契机，积极探索，勇于实践，走出了一条具有江南管理特色的企业创新发展之路。

一、体制改革创新

经典管理理论告诉我们：企业体制是培育企业竞争力的土壤。对于江南管理来说，体制改革是企业获得快速发展、打造企业竞争力的关键性的第一步。

（一）市场环境变化迫使企业进行体制改革

江南管理成立于1985年，原隶属于电子工业部，早期主要承担系统内的国家大中型投资项目的总承包业务，1988起从事建设监理业务，当时主要承接系统内的监理和咨询业务。1993年经建设部批准，成为全国首批甲级监理单位之一，可以跨地区、跨部门承接各类工程监理业务。

作为体制内的企业，系统内划拨业务是1993年以前企业的主要业务来源。然而，随着经济体制改革的全面深化，市场化经济蓬勃发展，1993年以后，划拨业务已远远不能满足企业发展的需要。公司开始尝试拓展外地市场、经营多元化业务，但效果均不理想，在浙江省监理行业的地位也不突出。究其原因主要表现为以下几个方面：（1）产权主体缺位，利益主体不明确；（2）企业缺乏生存忧患意识，员工紧迫感不强；（3）企业经营管理机制僵化，产品单一，服务范围狭窄，无法满足不同业主对监理服务的不同要求。在当时的情况下，体制改革成为解决企业内忧，突破企业外困的必然选择。

（二）抓住机遇，主动改制，实现企业自主经营

2002年开始，随着国家经济发展速度的不断加快，建设行业迎来大发展时期，市场开放度不断加大。为把握建设行业大发展的难得契机，同时也为了更好地适应日趋激烈的市场竞争，2002年8月公司向中国电子信息产业集团公司提出了整体改制的请示，得到了中国电子信息产业集团公司和财政部的认可和批准。

2002年末，按照严格的法定程序，公司进行了全面的改制，成为了一家产权明晰、权责明确、面向市场、自负盈亏的民营有限责任公司。改制以后，公司核心骨干持公司大股份，企业效益好坏直接反映在公司的净资产上，极大地激励了公司经营管理层、技术骨干的工作热情，实现了全市场化的运作机制，公司因此迸发出了巨大的发展潜力。

（三）完善各项管理制度，创立江南特色

1.建立健全公司的制度体系

有了适应市场化的体制保障，还需要适应市场发展的管理机制。2003年，公司编制五年期发展规划，并以此为基础，积极优化管理层级，精简机关人员，在公司层面建立健全、完善了企业管理体系，即公司实现股东大会制、董事会制、公司干部实行全面聘用制、全员实行劳动合同制等体系，并制定了企业管理标准，完善了标准化制度，制定了作业标准，严格员工作业行为，根据工程专业类别编制了10本监理工作指南等。这些制度、体系的建立与实施使企业逐步建立起"流程化、规范化、标准化"的运作体系，现代企业管理体系的雏形开始显现，并逐步成为以后企业运营管理的重要基石。

2.坚持公司直营模式

企业有了自主权，诱惑也会接踵而来。无论是过去还是现在，监理企业为追求快速的业绩增长，弥补企业自身资源的不足，采取承包的模式，在行业内屡见不鲜。短期看对企业有很强的诱惑力，能够调动承包人员积极性，快速提高市场占有率等问题，但从长期来看，分散了企业资源，企业内部利益分割、企业风险很难控制、企业整体竞争力下降，容易让企业陷入虚假繁荣的迷雾，忽视对自身核心能力的培养，一旦重大风险发生，很可能影响到企业的生存。

公司在取得企业自主权后，始终坚持不承包、所有项目均由公司直营的管理模式，分公司经理及业务骨干均由公司选拔指派，杜绝当地人挂靠，不盲目追求承包带来的虚胖，集中企业综合资源管理和服务项目，减少内部利益纷争，提高了企业资源的集约使用效率与效益，做细做实，提高了企业市场的综合竞争力。

3.实行全员合同制，以贡献定薪酬

员工是企业发展的最核心资源。而薪酬是决定人才去留与使用的决定性因素之一，只有薪酬实现与市场接轨才有可能留住和用好企业需要的人才。因此，改制后，公司实行了全员劳动合同制，彻底打破铁饭碗，员工薪酬根据贡献大小实现与市场水平接轨，因此留住了一批核心骨干员工，如今这批员工已经成为了企业发展的中坚力量。

同时，为规范管理，明确"责、权、利"关系，公司陆续出台《公司员工薪酬管理办法》、《总监薪酬绩效管理办法》等，打破了内聘、外聘的身份隔阂、待遇差异，员工的薪酬由人才市场供求关系和员工的工作绩效共同决定，做到"核心层员工薪酬与行业高端企业看齐，骨干员工薪酬领先于行业内其他企业，一般员工薪酬与行业平均水平看齐"等，以此进一步增强了员工的紧迫感和忧患意识，迫使员工不断提高专业技能、获取相应的执业资格以及争取岗位晋升等等。

4.人才选拔任用观念的根本突破

薪酬机制改革带来的是用人机制的进一步突破。改制后的江南公司在观念上彻底破除国有企业论资排辈的传统，在人才选拔方面，大胆提拔、大胆使用年轻员工，在实践中发现人才、培育人才、锻炼人才、成就人才，尤其在中层干部、分公司经理、核心营销人员、关键技术管理岗位的选拔上不拘一格，能力决定岗位，岗位决定地位，贡献决定

薪酬，"人才任用没有天花板"至今已深入人心。一批年轻员工的潜能被充分挖掘和调动起来，支撑起了公司的快速发展。

二、市场开拓创新

要实现"在发展中解决问题"，首先是要有市场，有市场才有企业发展壮大的空间。党的十六大报告中明确指出：实施"走出去"战略是对外开放新阶段的重大举措。江南管理抓住这一历史契机，依据"大市场、大竞争、大发展"的原则，提出了"以项目突破带动市场开拓"的新发展战略，即：巩固传统市场，布局全国市场，形成区域市场，开拓海外市场。这是江南管理在巩固省内本地市场的基础上主动突破的二次创业，也是企业扩大规模、提升综合竞争力关键性的第二步。

（一）推进全国市场战略，建立大市场、大竞争、大发展的市场格局

企业的发展规模与其拥有的市场空间成正比。江南公司深知，如果一直局限于杭州及周边市场，有限的市场容量将迟早会限制企业的发展壮大，企业将一直在温饱线上徘徊，不能形成规模就没有竞争力。

2003年公司以南京奥林匹克体育中心体育场工程为契机在浙江省外成立第一家分公司，正式启动分公司发展战略。然而，当时建筑市场地方保护主义及条块分割的严重程度远远超过现在，市场封闭严重，加上当时的江南管理在各地市场毫无知名度可言，外地市场开拓困难重重。但是全体江南人迎难而上，勇往直前，大批业务骨干主动放弃杭州稳定的工作与相对安逸的生活环境，不计个人得失，不讲薪酬条件服从公司安排，奔赴全国各地开拓市场。

在外地区域市场的开拓中，公司采取以优势领域项目，尤其是以体育场馆类工程为支点，通过精品工程和优质服务，以点带面，形成区域市场，逐步提高企业的影响力和品牌知名度。自分公司发展战略实施12年来，公司相继形成了沈阳、无锡、深圳、黑龙江、苏州、温州、福建、山东、安徽、四川、海南、湖南等区域市场，共设立了30余个分公司，经营合同额占全公司的70%，营业收入占全公司的63.5%。

分公司发展战略的成功实施，使公司进入到另一个快速发展的通道，实现了江南管理从"区域明星企业"到"全国高端市场竞争对手"的升级，形成了"大市场、大竞争、大发展"的企业市场格局，很好地平衡了个别区域经济发展波动对公司发展的影响，保证了企业多年来的持续快速发展。

（二）走出国门，拓展海外市场

在全国市场不断布点与发展的同时，公司将目光瞄向了更具潜力的海外市场。自2006年开始，公司走出国门，拓展海外市场，主要承接以海外政府投资建设的大型项目，同时和中国电子进出口公司等大型对外强企合作，承担项目管理与监理任务，此外还有少量的国家援建项目。公司在研究海外工程特点的基础上，建立了经营管理新机制，形成了适合海外资源特点的项目管理、工程咨询等专项管理制度，并逐步聚集了一批海外工程专业人才。

在海外工程实施过程中，通过树品牌，用放心工程赢得信任，自觉融入当地社会，勇于承担社会责任，使公司在海外建筑市场开拓上始终步履稳健。截至2013年底，公司海外业务范围已经覆盖到安哥拉、斯里兰卡、委内瑞拉、塞内加尔及阿尔及利亚、中非、尼日利亚等十三个国家，完成工程投资额达23亿美元，取得了良好的综合效益，塑造了中国企业在海外的良好形象。

三、项目管理模式创新

监理制实施以来，主要局限于行业门槛降低，遇上国家大力发展建设期，监理企业和从业人员迅速膨胀，技术和管理能力良莠不齐，加上监理取费偏低，监理企业的路越走越窄。

2003年，公司认识到仅靠监理业务的不足，以能让自身得到快速发展，以承接中共广西壮族自

治区委员会党校迁建工程项目代建为契机，成立项目管理事业部，投入优势资源优先培育和发展全过程项目管理（代建）业务，走出了企业竞争力提升的第三步。

公司在参与实施的过程中充分体会到，项目管理作为一种从国外引入的工程管理管理新理念和新模式，由于项目具体情况不同，项目管理（代建）的实施效果会有很大差异。尤其是一些投资规模大、持续时间长、社会影响大的项目，传统的项目管理方式已经不能满足项目科学管理的需求。于是，在借鉴了国内外其他企业的管理模式的基础上，公司将国外先进的项目管理理论与我国工程建设实践相结合，通过自身管理过程中的实践和探索，创立了适用于我国重大工程项目管理的新的建设管理模式，即项目管理（含监理）的项目管理模式和合资创建工程项目管理公司，有效解决了大规模建设中业主专业技术人员不足、缺乏科学组织能力的弊端，达到优化工程组织，确保工程实施安全，提高工程质量，减少投资费用，加快工程进度的效果，有助于推动重大工程建设项目实现又好又快的建设与投入使用。

（一）创新项目管理（含监理）的管理模式

专业性的工程监理单位由于长期从事工程监理及项目管理工作，能够准确地领会和贯彻国家政策和相关法律法规，熟悉工程建设行业的运作规则，拥有专业性强、工程经验丰富的专业技术队伍，有成熟可行的工程管理模式借鉴以及良好的知识与技术资源作为支撑，能够以公正的立场、科学的态度开展工程管理工作。因此，如果能够在与业主方的合作中充分发挥以上优势，将有效弥补项目建设方在类似工程管理中经验缺乏、管理力量薄弱等不足。

2005年，江南公司通过积极探索，突破传统工程监理的模式，在工程监理职责继续保留的基础上，利用现有资源，拓展出综合管理、设计技术管理、招标采购管理、造价咨询管理、计划管理等属于项目管理范畴的内容，建立项目管理含监理的新型管理模式，即由项目管理部、项目监理部两个团队组成，在内部管理和运作机制上实行一体化操作，实现单一的项目管理和集群化的项目管理。通过专业、优质、高效的服务，深受业主好评和青睐。

（二）合资创建工程项目管理公司的创新模式

从单个项目的项目管理到集群项目的项目管理，再到整个新区、新城的项目开发与管理，江南公司进一步首创了与政府部门合资创建工程项目管理公司的新模式。苏州江南建设项目管理有限公司（以下简称"苏州江南"）正是公司与地方政府部门合作产生的成功典范。

苏州高铁新城是以京沪高铁苏州站综合交通枢纽为依托的30平方公里腹地的综合开发项目，随着新城建设的不断推进，新开工的项目越来越多，规划编制、对外服务及行政审批等工作也日益增多。若采用通过组建临时建设班子对所有开工项目进行管理，时间紧，任务重，再加上政府管理体制受限、高级人才引进困难等，满足不了建设工程项目的实际要求。若聘请专业项目管理公司来进行管理，由于受国家招投标法的制约，每开工一个项目就要进行一次招标，既增加招投标成本，又延误工期。再加上责任界面不清晰、企业文化不同需磨合等因素，不利于新城区的开发建设。

因此，为进一步规范管理行为、提高管理质量，满足工程项目的实际需求，公司积极推进项目管理体制的创新，与苏州高铁新城管理委员会在充分调研、考察与论证的基础上，合资成立"苏州江南"作为项目建设管理平台，通过市场化的运作，共担责任、共同经营、共同管理、共担风险、共负盈亏，有效解决了政府部门专业管理能力和经验欠缺、管理机制不够完善、专业人才不足等问题，极大地保障了高铁新城建设的科学高效推进。这一打包委托管理的模式，避免了每个项目单个委托，造成不平衡管理的风险，统一规划、统一管理、决策高效、精益求精、确保了投资效益的最大化。同时，"苏州江南"借助江南管理专业化的管理水平，大胆创新，采取科学手段进行工程项目的管理，通过费率洽谈、设计文件优化、标底编制、控制变更、审核签证、材料设备询价、结算预审等专业化的管理和运作，项目累计节约资金8000余万元，专业化管理水平初见成效。

四、人才培养创新

工程监理行业是智力密集型服务行业，员工是企业提供服务、创造价值、取得利润的关键所在，因此监理企业的竞争归根到底是人才的竞争。尤其是近几年，国家始终保持着大规模的基础设施投资与建设，加上房地产市场的蓬勃发展，行业内人才争夺已经远远超出监理企业的范畴。而如何吸引、留住、培养一支高素质、忠诚度高的人才队伍更是每一个行业企业管理者关心的核心问题。

江南管理历来非常重视人才队伍建设，一直强调人力资源有效投入是公司提升竞争力的第一要务。早在2005年，公司即创办了"江南进修学院"，以"职业再教育"作为主要培训内容。作为公司提升企业综合素质、传播企业文化、培养人才队伍的重要平台，学院以优秀的培训管理水平和较高的人才培养质量，为公司的学习型组织构建奠定了坚实的基础。迄今为止"江南进修学院"（后为"江南管理学院"）已开办10年，参加培训人数已突破万人，为公司长期发展培养和储备了优秀人才。

2010年，为贯彻落实中国建设监理协会发布的《关于开展创建学习型监理组织活动的意见》对学习型监理组织的基本要求、方法、途径等具体要求，公司研究决定，以江南进修学院为平台，创建学习型企业并发布了《关于推动学习体系实施创建学习型组织的决定》；同年又发布了《学习体系单项奖考评暂行办法》；并将"江南进修学院"更名为"江南管理学院"，统筹公司学习培训资源，在原有专业技术培训的基础上，在企业全体员工、中层干部及高潜力员工学习三个层面推进学习型组织建设。通过这十年的不断学习和培训，统一了员工认识，贯彻了公司发展战略，提高了员工执行力，使公司的核心价值观深入人心，激发全员学习的主动性，让学习变成了员工的自觉行动。大批员工成长为公司骨干，在各自的岗位上独当一面。十年的坚持学习也为江南管理的发展带来了核心竞争力。

在为员工提供学习资源和搭建学习平台的同时，公司进一步创新人才激励机制，于2010年设立了青年人才激励专项基金。该项基金能够为青年骨干员工每人提供一次性20万的住房基金，解决了青年员工买房困难，解决其后顾之忧，让他们更好地在江南工作。目前专项基金的关注度越来越高，影响力也越来越大，成为公司稳定青年骨干人才的又一成功创举。

五、技术研发创新

作为技术密集型服务企业，监理企业以专业性的技术服务作为产品，技术与人才是企业竞争力的两个支点。因此，"前沿新技术探索、工程

2015年公司发展战略研讨会

第五届高潜力员工拓展培训

酒店管理研究中心宁波研讨会

剧院研究中心深圳研讨会

研究中心成果

获2014–2015年度中国建设工程鲁班奖项目

实践经验积累、技术知识的有形化、显性化以及知识经验的有效分享与传承"就显得尤为重要。多年来，在新技术探索、专业技术研发、信息技术应用方面，江南公司始终走在行业最前沿，探索并实施了包括专家小组、研究中心建设、数据库建设、在线技术咨询和技术论坛、知识地图等等各种新举措。

在这些途径和方式中，各式各样的实践社团——研究中心发挥了举足轻重的作用。目前，公司已成立了"体育场馆、剧院、医院、酒店及项目管理、绿色建筑、标书编制"七大研究中心，设立常设机构、人员及专项经费，成为公司提升企业竞争力第五步中最为关键的组成部分。自成立以来，公司每年在年度预算中拨出专项资金，制定研究计划与目标，以技术总结、技术研究、技术创新为方向，以培养和造就高层次工程管理人才、争创一流的工程管理服务水平为目标，在公司技术成果转

化、技术工作指导、知识显性化与分享传承等方面做出了卓有成效的努力。截至目前，研究中心已完成50多项课题的研究工作，并出版论文集3册、工程管理案例汇编1册、工程建设指南1册、工程管理手册4册，在工程总控制计划、投资控制、招标管理、设计管理、现场施工管理等方面起到了很好的技术支撑作用，提升了企业市场竞争力。

三十年的发展历程，江南管理始终坚持"为客户创造价值"的理念，走过了主动突破、创新发展的五大步。展望未来发展，公司将以综合性工程咨询公司为发展方向，以提升民族工程咨询行业管理水平为己任，继承并发扬务实、拼搏、进取的优良传统，加快企业转型升级，逐步形成监理、项目管理及代建、招标代理、造价咨询等多元化业务搭配、相辅相成的发展格局，为业主提供全过程、全方位的工程项目管理服务，打造品质江南、诚信江南、百年江南。

电力监理行业文化建设的理论与实践

中电建协电力监理专委会

引言

企业文化是一种新的管理思想。其核心是企业的价值观，这种价值观体现为企业精神，企业精神是企业的灵魂。企业发展到一定阶段必须寻求精神动力和智力支持。先进的企业文化是企业核心竞争力的重要组成部分，是企业实现可持续发展的精神支柱。企业文化从内容上看是反映企业现实运作过程的理念，是企业经营管理、战略选择在价值理念上的表现。行业文化是在企业文化基础上形成的同一行业共有的文化。企业文化是将企业的每一个员工凝聚在一起，行业文化是将每一个企业凝聚在一起。

我国的大部分电力监理企业是20世纪90年代相继成立的，而企业文化的理念也是20世纪80年代才引入我国。由于企业文化理念引入的时间和行业形成规模的时间均较短，企业缺乏稳定的物质基础和长期的文化积淀。大部分电力监理企业的文化建设处于物质文化、制度文化建设的阶段。经过20多年的发展，电力监理企业从初创期逐渐走向成长期。电力监理企业要获得长足发展，不仅仅需要完善的制度、优秀的人才、良好的环境、优质的服务，更需要优秀的企业文化为之提供持续的动力。

目前，我国的电力工程监理行业正在持续健康发展，工程监理在电力建设领域发挥着越来越大的作用，不仅提高了工程建设投资综合效益，而且得到了社会广泛认同。但随着社会经济的发展、科学技术的发展以及相关法律法规的不断完善，工程建设管理体制不断深化发展，项目业主、政府以及社会对电力监理行业提出了更高的要求。因此，我们不仅要研究电力监理行业面临的新问题、新形势、新任务，而且要深入挖掘并研究电力监理行业文化。深入分析电力监理行业文化的性质、特点、内涵，寻找电力监理行业如何做好文化建设工作，以推动电力监理行业健康稳步发展。

一、电力监理企业文化与行业文化之关系

（一）电力监理企业文化

电力监理企业文化是电力监理企业在长期的生产经营管理实践中形成的具有本企业特色、并为本企业所认同、遵循的价值理念、共同信念、经营思想、道德准则和行为规范。

（二）电力监理行业文化

电力监理行业文化是电力监理行业在长期的生产经营管理实践中形成的具有本行业特色、并为全行业所认同、遵循的价值理念、共同信念、经营思想、道德准则和行业规范。

（三）电力监理企业文化与行业文化的关系

文化的层次性和交叉性规范了企业文化与行业文化的关系。

1.企业文化和行业文化是一脉相承的

作为企业文化背景的行业文化，在相当程度上决定企业文化的倾向与特征。在核心价值取向上，企业文化只有不断地融入行业文化，企业在行业中才能得以生存。如果企业文化中没有本行业的特色，那么这种文化建设必然是失败的。同样，行业文化的本源就是行业中的企业文化。

2.行业文化是对企业文化的提炼和升华

企业间有类型、性质、规模、人员结构等方面的差异，对行业文化规范、理念、特性的重构和再造是不一样的。这就是一个企业独特的精神和风格的具体反映，并以其鲜明的个性区别于同一行业的其他企业。

3、电力监理企业文化与电力监理行业文化是个性与共性、特殊与普遍的关系，电力监理企业文化是电力监理行业文化的一个子项目，是一个子文化。电力监理企业文化与电力监理行业文化的关系密不可分，前者是后者的前提和基础，后者是前者的升华和提高。两者互相依存和互相促进。

二、电力监理行业文化的内涵

电力监理行业文化的内涵是丰富多样、多姿多彩的，它包括行业战略思维、行业价值观、行业精神、经营思想、道德规范、行为方式、行为习惯，还有行业文化氛围、传统与风气等。但是，进行概念界定、作出抽象概括，就只能是揭示其最主要最重要的内容，包含两个方面：一是价值观念，二是行为规范，即理念文化加上行为文化。这并不排斥行业文化中其他方面的内容，而只是为了突出其最主要的要素，鲜明突出地说明企业文化=价值理念+行为规范的公式，这个表达体现了价值理念与行为规范的有机统一。

电力监理行业文化中的价值理念是社会主义核心价值体系在电力监理行业中具体落实和呈现，包括行业使命、行业愿景、核心价值观、行业宗旨、行业精神、发展理念六条。

行业文化中不仅有价值理念部分，而且有行为规范部分。有了行为规范，才能使价值理念为全行业内的企业和全体员工确认、信奉和实践，才能使价值理念转化为企业行为、企业家行为、管理者行为和广大员工行为。

行为规范的内容，包括企业整体行为规范，还包括员工个人行为规范。在电力监理行业文化中，"自律规范"属于整个电力监理行业、所有企事业的整体行为规范，而"职业操守"则属于员工个体行为规范。

行为文化，即行为规范，才能使价值理念、理念文化转化为全行业企业领导人与广大员工的思维方式、行为方式、行为规范和行为习惯，才能进一步推进电力监理行业文化"落地"。

电力监理行业文化的内涵有以下几个方面：

第一，价值理念。共同的价值理念是电力监理行业管理者主导和倡导的，支撑电力监理行业发展的使命、宗旨、核心价值观、战略愿景等一系列价值观念、价值主张。共同的价值理念决定着电力监理行业的发展方向，支撑着电力监理行业的发展目标，是全体成员和职工共同努力的目标指引。这些价值理念是在电力监理行业发展过程中、在不断适应内外部挑战的过程中逐渐形成、并为电力监理行业大部分成员和职工一致认同的努力目标。

第二，行为模式。共同的行为模式包括由共同的行为意识、行为能力、行为实践构成的行为习惯和相应的行为结果。共同的价值观为电力监理行业发展的愿景目标提供了一个共同努力的方向指引，但是，价值观、价值主张的实现是通过电力监理行业成员和职工的具体行为模式来体现的，正是由于全体成员和职工多年形成的行为习惯、支撑组织生存发展的行为结果，才形成全体成员和职工认同并习以为常的心智模式，才使得电力监理行业文化得到真正的体行、固化和延续，成为支撑电力监理行业生存的组织凝聚力。同时，成员和职工的行为习惯、心智模式，在保证电力监理行业文化代代相传的同时，也导致了文化转型的阻力。

第三，感觉氛围。共同的感觉氛围是组织群体共同的心理契约，形成了大家习惯的感觉氛围，这个氛围也是我们通常讲到的文化氛围。共同的价值观念和行为模式，在带来支撑电力监理行业发展目标的有效行为的同时，也使得电力监理行业内部的成员之间建立起共同的思维习惯、交流习惯、工作习惯，甚至是生活习惯，形成大家舒适的、喜欢的感觉。同价值观和行为模式相比，文化氛围是可以感觉得到的；从表面来看，文化氛围对电力监理行业的运行方式产生着影响；因此，在建设电力监理行业文化、转变电力监理行业文化时，我们比较容易将对电力监理行业文化的关注集中在对文化氛围的关注上，转变文化的工作也会集中在对文化氛围的改变上。但是从本质上，我们比较容易忽略一个关键问题—文化的感觉氛围是行业价值理念和行为模式带来的结果，文化氛围的管理和改变需要从价值理念和行为模式来入手。

第四，行业形象。电力监理行业形象是外部利益相关者对电力监理行业的感受和认识。在共同的价值观、行为模式和文化氛围的作用下，电力监理行业的组织特征也会以其特定的电力监理行业形象向外部展示，向电力监理行业的顾客、其他利益相关方展示。作为电力监理行业文化的重要组成部分，电力监理行业形象也是市场运营、公共关系部门和专业机构关注的内容。但是，一个不容忽视的实质问题—电力监理行业形象同样是电力监理行业的价值理念、电力监理行业成员和职工行为模式的结果和表现，是电力监理行业成员和职工共同感觉氛围的外在延伸。电力监理行业形象需要用专业系统的方法建设和管理，但是不可能通过营造、包装的方法改变其实质，电力监理行业形象的基础和支撑还是电力监理行业价值理念和电力监理行业成员行为模式。

第五，人本精神。在知识经济时代，以人为本是电力监理行业文化管理的核心理念。当今世界的行业竞争，不再仅仅是产品和市场的竞争，更是人力资源的竞争，高质量的人才才是电力监理行业最大的资源。能否最大限度地发挥广大成员和职工在电力监理行业中的主体作用，直接关系到电力监理行业文化管理的成败。因此，必须树立以人为本的管理思想，把人作为行业管理的主要议题，充分地尊重人、理解人、关心人，满足成员员工的各种要求，把人的价值放在首位，而物的价值则次之。以人为本，尊重行业员工的自我价值，引导员工的自我管理，便能激发员工的创造力，从而体现出电力监理行业的核心竞争力。因此，以人为本的管理，是行业管理的重中之重。

三、电力监理行业文化的特点

（一）电力监理企业文化的特点

电力体制改革之后，电力企业处于分散发展的状态。两大电网公司和五大发电集团等大型电力企业对企业文化的建设都很重视，各有一套自成体系的企业文化，电力行业文化的建设取得了丰硕的成果。2011年7月28日，中国电力企业联合会面向社会发布了全国第二个行业性的核心价值体系–《全国电力行业核心价值公约》(以下简称《公约》)，这是拥有250万员工的电力行业第一次明确了共同的核心价值。《公约》第一章总则第一条写道：《公约》是社会主义核心价值体系在电力行业的具体落实和生动实践，是电力行业的精神旗帜和文化宣言，也是全行业团结奋斗的共同思想基础和精神纽带。

目前从事国内电力工程监理业务的大都是各网省公司下属的全资子公司，国家电网公司的企业精神是"努力超越、追求卓越"。南方电网公司企业精神是"想尽一切办法完成每一项任务"。国网公司明确提出了公司文化建设"五统一"要求："统一价值理念；统一发展战略；统一企业标准；统一行为规范；统一公司品牌"。南方电网公司在自己的企业标识"核心释义"中，更是明白无误地阐释为："统一开放的电网，宣扬光明的旗帜"。"统一开放"已然被视作南方电网标识的核心诉求。

基于以上论述，电力监理企业文化具有如下特点：

第一，责任意识。电力行业作为能源行业及国家经济发展的基础行业，承担着对千家万户、各行各业提供动力的使命。这种使命感就是一种责任感，它要求电力企业把责任放在第一位，注重责任意识的培养，无论是大的电力，集团，还是小的监理企业在企业文化中都要强调责任意识。

第二，安全意识。安全生产是电力行业的立身之本。电力行业安全事故点多，事故危害性大，所以安全意识一直是各大小电厂企业建设的重点，电力监理企业在建设过程中注重电力安全因素是响应电力行业的必然要求。

第三，人才意识。人才资源是电力监理行业的第一资源，电力监理企业在建设过程中坚持以人为本，以尊重人、关心人、爱护人、培养人为基础，注重发现人才，开发人的潜能，强化人的信念，提高人的素质。

第四，法则意识。监理企业作为独立的第三方，要获得其他建设各方的尊重和信任，树立监理的形象和权威，必须坚持公正的立场，公正的立场来源于对规则的坚守。监理工作中必须以法律法规、规程规范、标准规定等作为依据。

第五，服务意识。电力监理工作必须通过为业主提供优质的服务，满足业主对工程建设目标的需求，建立长久的互利关系，企业才能生存和发展，服务意识是电力监理企业的核心。

我国的电力监理企业正在持续健康发展，工程监理在电力建设领域发挥着越来越大的作用，不仅提高了工程建设投资综合效益，而且得到了社会广泛认同。但随着社会经济的发展、科学技术的发展以及相关法规的不断完善，工程建设管理体制不断深化改革，项目业主、政府以及社会对电力监理行业提出了更高的要求。因此，我们不仅要研究电力监理行业面临的新状况、新问题、新形势、新任务，而且要深入挖掘并研究电力监理行业文化。

（二）电力监理行业文化的特点

电力监理行业文化是在本行业的发展历程中所积淀、凝结而形成的。其主要特点有：

1.导向性。主要表现在价值观导向和行业导向这两个方面。共同的价值观念规定了企业的价值取向，使员工对事物的评判达成共识，有着共同的价值目标，企业的领导和员工为着他们所认定的价值目标去行动。行业导向是指企业目标的指引。企业目标代表着企业发展的方向，没有正确的目标就等于迷失了方向。完美的企业文化会从实际出发，以科学的态度去制立企业的发展目标，这种目标一定具有可行性和科学性。

2.凝聚性。电力监理行业本部与监理现场距离远，沟通不方便的实际情况。因此，通过大力发挥行业文化的凝聚性，提升公司成员凝聚力。这是说共同的文化、共有的价值观、共有的精神理念，如同"强力粘合剂"一样，会把行业内的企业和人们更紧密地团结在一起。命运共同体常常是以共同的核心价值观为基石的。有了共有的、共同的价值观这个基石，才能有全行业蓬勃发展所必须有的凝聚力。

3.激励性。监理现场经常分布在离市区较远的位置，条件艰苦。激励是一种受到鼓舞和内在驱动而产生的奋发向上的力量。行业可营造的良好文化氛围和优秀的行业价值理念能发挥这种鼓舞和内在驱动的作用。对现场监理人员的鼓励能提高工作的积极性，得到被认可的成就感。

4.协调性。良好的共创的文化氛围、共同的价值理念和行业精神，有利于减少摩擦，有利于矛盾的和解，有利于行业内外的沟通和交流。行业文化这种协调功能的发挥，也可称之为无形的协调之手、无形的"协调员"。

5.约束性。优秀的行业文化，不仅是巨大的驱动前进的激励力，也是一种约束力。同纪律、规章制度的硬约束相比，行业文化的约束是一种无形的软约束，但这是不可缺的强大的约束力。它以行业道德规范和行为规范的方式给人以内在的自控力，形成一种免疫功能。发挥监理行业文化的约束性，促使在工作范围内形成一种无形的约束力。

6.学习性。电力监理行业文化是促进工作人员学习的文化，激发员工的学习热情，开发员工的创新能力的源泉，提高员工的全面素质，最大限度地调动员工的激情与智慧，实现员工的全面发展。充分调动本部以及现场监理人员的学习积极性，保持刻苦学习的作风，从而使得监理工作进行中能注入新鲜血液，以高效优异的成绩顺利完成监理任务。

根据电力监理企业文化的特点可知，电力监理行业文化具有无形性、软约束性、相对稳定性和连续性，电力监理企业文化具有丰富的内涵。

四、电力监理行业文化发展现状

（一）电力监理企业文化的现状

目前，多数电力监理企业文化建设缺失。单纯性的跟从，缺乏适合自身特点的企业文化核心内容，企业文化创新性较差。开展企业文化建设的监理企业多数表现为：一是认识与重视不一。在总体认识上，往往片面性、局限性的东西多，内涵性、创新性的东西少。往往认为完成生产经营任务是首要工作，没把自己岗位实际看成是"企业文化建设的落地点"，认为文化建设主要是领导和主管部门的责任，对价值观的认知率还不高。二是往往被动接受、强势灌输的多，主动学习、互动汲取的少；管理人员考虑的多，基层职工考虑的少。造成文化建设断层。三是以方案替代执行。在表现方式上，形式性、教条性考虑的多，本质性、实效性内容考虑的少。文化建设停留于套用方案上，忽视融合和落实。甚至出现视文化建设为额外负担的现象。

反映出的深层次的问题在于文化建设仍按照思想政治工作模式、套路，两者间的目标、对象的基本一致和内容的相似造成了认识误区，致使文化建设单向填鸭式说教。由于企业文化体系形成之后，无法全方位地进行传播，不能充分发挥"导向、凝聚、约束、激励、辨识、辐射、稳定"等作用，员工不能将企业文化体现在日常行为和习惯之中，从而引起公司文化建设方式的深入思考和不断探索。

大多数电力监理企业是90年代相继成立的，企业缺乏稳定的物质基础和长期的文化积淀。虽然依托根深叶茂的"电力大树"，但经营的目的在于增加国有企业的灵活性。所以，大部分电力监理企业的文化建设处于物质文化、制度文化建设的阶段。只有少数企业的文化建设进入精神文化建设阶段。部分电力监理企业对企业文化的理解片面，认为企业文化就是思想政治工作、文体活动、休闲娱乐。有的还认为，企业文化是形式主义，喊口号贴标语，没有多少实际意义。部分电力监理企业的企业精神、企业价值观等企业文化的东西，停留在嘴上纸上墙上，没有应用到企业管理中、员工行动中，形成了企业管理与企业文化两张皮。部分电力监理企业的文化建设缺乏针对性、操作性，没有电力监理企业的特点。或完全沿用上级企业的东西，没有与本企业相结合，没有形成本企业的文化特色。

由于存在以上问题，电力监理企业文化发展缓慢，没有形成电力监理行业的文化，没有起到推动行业发展的主导作用。

（二）电力监理行业文化的现状

我国行业协会的地位和作用决定了行业文化的现状。我国社会主义市场经济体制建立的时间不长，由于政府主导市场、主导企业和行业的惯性，决定了行业协会发挥作用的空间是有限的。相比较而言，失去了行政职能的电力系统，其行业协会的管理职能较多，作用较大，电力行业文化的建设效果较好。

电力监理企业文化的现状决定了电力监理行业文化的现状。只有当电力监理企业文化发展成熟到一定阶段，才会有电力监理行业文化的形成和出现。从目前的情况来看，电力监理行业文化还处于初步发展阶段。但这不等于说电力监理行业文化没有发展的基础和条件，也不能说电力监理行业文化建设一定要等到电力监理企业文化达到十分成熟的阶段之后才能发展。

前面已经论述过，电力监理企业文化与电力监理行业文化的关系密不可分，前者是后者的前提和基础，后者是前者的升华和提高。两者互相依存和互相促进。电力监理行业文化的建设对电力监理企业文化的建设具有推动和促进作用。我们开展电力监理行业文化的建设的研究和实践，目的在于推动和促进作用电力监理企业文化的建设，目的在于整合、提炼、升华电力监理企业文化的建设的成果，尽快形成有特色的电力监理行业文化。因此，我们的理论研究和实践具有开拓意义，具有推动作用和导向功能。

五、电力监理行业文化建设的实践

（一）电力监理行业文化建设的基本思路

电力监理行业文化的建设具备了良好的条件和时机，电力监理企业文化建设为行业文化建设打下了坚实的基础和丰富的实践案例，在行业文化的建设过程中可以借鉴；同时，经过这些年企业文化建设的实践证明，企业文化的建设是适应国际管理潮流、符合我国国情、适合企业管理实际的行之有效的管理模式。开展电力行业文化建设的基本思路如下：

1.协会重视，企业参与。坚持协会领导重视、会长单位率先垂范、全体会员自觉参与的原则。协会、企业领导对行业文化的认识理解、重视程度、资金投入起重要的作用。电力监理协会、企业领导是行业文化建设的倡导者、组织者和推动者，协会、企业领导的重视支持，率先垂范，并将行业文化建设融入协会、企业的各项管理工作的总体布局之中非常必要。同时，电力监理企业员工是行业文化的培育者、实践者和享受者，因此电力监理行业文化建设离不开广大员工的广泛参与。没有群众参与的行业文化建设是没有生命力的。

2.深入研究，科学论证。电力监理行业文化建设要产生实际效果，在确定实施方案之前要对本行业的发展历史和目前现状、市场地位做深入的了解与剖析，对行业的未来发展前景要有准确的判断。在自我分析、自我诊断的基础上，从行业发展战略目标、外部环境、业主需求和内部能力几个方面制定规划方案，经过反复的调研、研讨、整理、归纳、提炼、推敲，提炼出具有本行业特色的行业精神、行业价值观、经营理念、激励机制、行为准则等等。

3.注重细节，持之以恒。行业文化要通过宣传教育、典型引导、实践养成、机制保证等形成长效机制，使行业文化内化于心，外化于行，固化于制，成为行业全体员工的行为指南。吸收和吸引广大群众共同参与，形成有利于行业文化建设的良好氛围。要注重细节，注重实践养成。行业文化要真正深入人心，必须体现在日常的行为规范中，让行业的全体员工在实践中去感知、领悟和遵守。电力监理企业要发挥窗口作用，将行业文化根植于企业的日常工作中，抓好现场监理人员的专业技术、职业道德、内部管理、学习培训、团队形象等方面的建设。

（二）电力监理行业文化建设的路径

基于电力监理企业文化建设的成果，电力监理行业文化建设可以按照如下步骤进行：

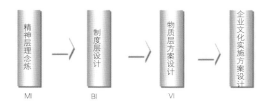

精神层理念提炼 MI → 制度层设计 BI → 物质层方案设计 VI → 企业文化实施方案设计

1.精神层文化提炼

包括电力监理行业的核心价值观及战略规划两方面。核心价值观包涵：行业使命、行业精神、行业宗旨、经营理念、市场目标、服务意识等。行业战略规划主要是包涵：战略目标及战略构想。

2.制度层文化建设

制度层文化建设主要包括六方面：第一，修订完善行业管理的各项管理制度；第二，建立科学有效的行业人才资源保障体制；第三，建立规范实用的教育培训制度和体系；第四，健全协会对会员单位的评价制度；第五，完善电力监理市场行为规则；第六，开展思维创新、管理创新、技术创新、建立健全行业激励和约束机制。

3.物质层文化定位

结合电力监理行业的特点和实际情况，进行物质层文化定位。

第一，加强电力工程监理服务质量，提高电力监理收费标准，保证监理企业发展的必要积累；第二，塑造企业的外部形象，推动企业视觉形象系统建设，按照CI（企业视觉形象识别系统）要求，对施工现场、办公区、生活区进行全方位覆盖宣传，从而形成统一、美观、易于识别的企业外部形象；第三，充分利用各种媒体，广泛开展宣传报道，展示电力监理新形象。完善企业网站建设，发挥内刊的作用，举办以企业文化为主题的摄影、绘画、书法、演讲、知识竞赛等活动。

（三）电力监理行业文化传播

现代社会是一个信息社会、开放社会，文化传播是一门重要的学问，是一项重要的工作。要让社会认识、理解、支持一个企业和行业，不进行有效的宣传是无法实现的。

从宏观层面来看：

1.塑造电力监理行业文化的视觉环境，吸引社会、企业和员工全面认知行业文化理念；

2.打造多层次多平台的宣传教育平台，引导社会、企业和员工全面认同行业文化理念；

3.开展丰富多彩的行业文化实践活动，助推行业文化理念落地生根，开花结果。

从微观层面来看：

1.环境传播:通过对办公场所、服务窗口、生产工地环境改善，实行"5S"管理，建设"文化墙"系列等方式，建设视觉环境，营造文化氛围。

2.制度传播:各项制度应该体现行业基本价值观念、行业理念。

3.工作传播：通过工作部署、督促、考核，传播行业文化。

4.榜样传播：通过大力宣传企业的先进人物、不断发现和挖掘企业的"草根"英雄，让榜样精神激励员工，弘扬行业精神。

5.互动传播：通过与监理相关方的互动，使行业在多元的社会文化活动中担当重要角色，参与社会活动，增进社会对行业文化的认可，提升行业形象。

结束语

企业文化兴于20世纪80年代，发展于20世纪90年代，传播到我国仅有短短二十几年的时间。从企业文化的发展来看，目前我国企业文化建设仍处于初期阶段，然而企业文化的重要性却越来越被企业认可。国内众企业都开始着手企业文化建设，尤其是在电力行业，企业文化建设风起云涌。但我们必须正视的事实是，企业文化不是一朝一夕能够建成的，它需要一个理智且渐进的过程。随着企业越来越重视企业文化建设，企业管理开始侧重于文化管理，通过建立适宜企业生存和发展的企业文化，使其成为企业发展的不竭动力。随着企业的发展，企业文化建设的重要性越来越凸显出来，它将决定一个企业生命的长短，健全、健康、科学的企业文化在现代企业中尤为重要。著名经济学家于光远有句名言，"国家富强在于经济，经济繁荣在于企业，企业兴旺在于管理，管理优劣在于文化"，文化是企业发展的灵魂和动力，是企业竞争力的法宝，以文化作为传家宝，企业方能生生而不息。企业生生不息行业才能枝繁叶茂。

行业文化的建设起步更晚，成功的典型案例并不多，可以借鉴的经验很少。正因为如此，开展电力监理行业文化的理论研究和实践是一件具有开拓意义的工作，这也是对电力监理专委会具有挑战性的工作。协会组织不像政府行政部门和企业主管部门具有行政约束力，协会组织要通过建立全行业会员单位共同的愿景、共同的价值观，才有可能形成行业的凝聚力、影响力和执行力，才能赢得会员单位的尊重和认可，进而产生一定的权威性。企业与行业，企业文化与行业文化是一对你中有我、我中有你的共同体，企业兴行业兴，企业衰行业衰，行业协会只有时时刻刻关注企业的命运，通过行业文化的建设为企业凝聚智慧和力量，对企业的发展产生导向、凝聚、激励、协调、约束的作用，行业协会才能真正成为独立于政府、社会、企业，同时又能与政府、社会、企业共同成长的民间组织。这是电力监理行业文化建设的目标和方向。

参加单位：

吉林省吉能电力建设监理有限责任公司（组长单位）
广东创成建设监理咨询有限公司（副组长单位）
西北电力建设工程监理有限责任公司
天津电力工程监理有限公司
安徽电力工程监理有限公司
北京华联京电工程建设监理有限公司
贵州电力工程建设监理有限公司
青海智鑫电力监理咨询有限公司
中国超高压输变电建设公司
广东诚誉工程咨询监理有限公司
宁夏电力建设监理咨询有限公司

用标准化努力构建专业化的监理企业

杭州信达投资咨询估价监理有限公司　吕艳斌

在传统的思维中，鼓励企业"做大"是一种常态，"大行业、大企业"得到了更多的关注和支持。但是发达市场经济国家的成功经验已经证明，对于监理行业，甚至大而言之对于整个中国经济，鼓励和支持中小企业"做精"、"做强"具有更为重要的意义。

杭州信达投资咨询估价监理有限公司，脱胎于建设银行杭州市分行，1993年成立，2000年12月根据国务院"银行要一心一意办银行"的要求，从建设银行脱钩，2001年7月改制成为全部由自然人持股的民营企业。改制之初，公司仅有12名股东、55名员工和100万元的债务，经过十余年的稳步发展，公司目前拥有603名员工，注册资本金2002万元，2013年营业收入8900万元，业务范围包括建设监理、造价咨询、项目管理等，当然，还是一家典型的民营中小企业。回顾过去的十余年，我们认为，监理行业"很困难"，但"有机会"，只要我们"有作为"，就一定"有地位"！我们的选择是用标准化努力构建专业化的监理企业。

一、监理市场需求客观存在

1. 2008年至2012年全国监理行业统计公报数据反映监理市场年平均增长率超过20%。

内 容		2008年	2009年		2010年		2011年		2012年		年平均增长率
		数量	数量	与上年比较	数量	与上年比较	数量	与上年比较	数量	与上年比较	
一.合同情况	1.监理企业合同额（亿元）	755.64	906.74	20.00%	1164	28.37%	1421.93	22.16%	1826.15	28.43%	24.74%
	2.其中监理业务合同额（亿元）	472.96	595.53	25.92%	744.19	24.96%	920.41	23.68%	1031.08	12.02%	21.65%
	3.监理合同占合同额的百分比（%）	62.51	65.68	5.07%	63.93	−2.66%	64.73	1.25%	56.46	−12.78%	−2.28%
二.年业务收入情况	1.监理企业收入（亿元）	657.44	854.55	29.98%	1196.14	39.97%	1492.54	24.78%	1717.31	15.06%	27.45%
	2.其中监理业务收入（亿元）	332.82	404.17	21.44%	528.36	30.73%	666.28	26.10%	752.95	13.01%	22.82%
	3.监理收入占总收入的百分比（%）	50.62	47.3	−6.56%	44.17	−6.62%	44.64	1.06%	43.84	−1.79%	−3.48%
三.人员情况	1.监理企业人员数量（万人）	54.25	58.2	7.28%	67.54	16.05%	76.35	13.04%	82.2	7.66%	11.01%
	2.其中监理从业人员数（万人）	41.89	43.61	4.11%	52.14	19.56%	58.29	11.80%	62.32	6.91%	10.59%
	3.注册监理工程师数量（万人）	8.93	9.74	9.07%	9.91	1.75%	11.17	12.71%	11.84	6.00%	7.38%

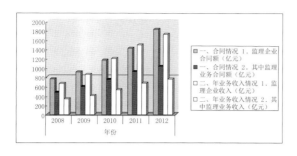

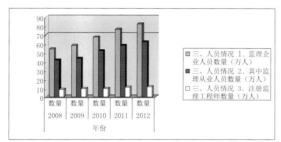

从图表分析计算可得：

（1）监理企业合同额年平均增长率24.74%，2008年为755.64亿元，2012年为1826.15亿元；

（2）其中监理业务合同额年平均增长率21.65%，2008年为472.96亿元，2012年为1031.08亿元；

（3）监理企业年收入总额年平均增长率27.45%，2008年为657.44亿元，2012年为1717.31亿元；

（4）监理业务年收入平均增长率22.82%，2008年为332.82亿元，2012年为752.95亿元；

（5）同期我国固定资产投资年平均增长率为24.58%；

（6）除注册监理工程师人数增长低于10%外（7.38%），监理从业人员数量的年平均增长率超过10%。

因此，从统计数据可以看出，监理行业的发展与我国固定资产投资的增长速度基本一致，说明监理业务的覆盖面已经达到相当的规模。

2.随着投资主体的多元化，市场需要真正的监理服务。

1852年美国土木工程师协会的成立标志着独立执业的咨询机构开始出现；1913年英国咨询工程师协会成立标志着个体咨询向集体咨询过渡；

1955年FIDIC成立标志着咨询业的成熟与规范。发达市场经济国家工程咨询行业一百多年的发展历程，证明了监理行业的市场需求是客观存在的。随着改革的深化，投资主体的多元化，市场需要真正的监理服务。以房地产为例，市场已经细分为住宅地产、商业地产、物流地产，投资主体也分化为房地产商、商业企业、工业企业、互联网企业等等，它们或出于经验的考虑，或出于对成本的考虑，或出于对当地法律法规及市场环境的考虑，都需要相应的顾问（监理单位）为其提供工程管理服务。

二、政府、市场、监理企业及从业人员本身均对行业现状不满意

1.监理企业的同质化现象严重，特色不清晰，缺少核心竞争力。

由于行政条块分割，加之监理被限定在施工阶段，大量监理企业集中于房屋建筑工程专业。以浙江省为例，345家监理企业中，主营业务为房屋建筑的有299家，占86.67%；工程监理收入排名前50的企业中，主营房屋建筑的有39家，占到78%。

同时，由于我国对监理行业实行资质管理，而且是高资质对其资质等级以下的业务全覆盖，挂靠现象、低价恶性竞争现象扰乱了市场秩序，阻碍了监理企业的良性发展，限制了监理服务水平的提高。企业难以形成自身的特色和竞争力。监理行业市场信誉度低，政府、市场、企业、从业人员都不满意。

2.监理企业投入不足，难以吸引优质人才。

监理企业的投入包括设备的投入、科研经费的投入，当然更为重要的是人力资源的投入。但由于人均产值过低，企业储备不足，现场监理手段落后，无法吸引优质人才，监理人员层次难以提高。统计公报中监理从业人员数量的增长速度远低于业务的增长，注册监理工程师数量的增长率更是仅有7.38%，也充分说明了上述情况。

三、用标准化提升专业化水平，是当前监理企业的出路之一

美国汉学家费正清曾经一针见血地指出："中国商人具有一种与西方企业家完全不同的想法：中国的传统不是制造一个更好的捕鼠机，而是从官方取得捕鼠的特权。答案其实很简单——中国商人如果没有获得捕鼠的特权，再高效的捕鼠机都无法工作。"随着改革的深化，监理行业终将失去"捕鼠"的特权，要生存与发展，只能依靠提升自己，找出自己的生存能力、创新能力、发展能力，在市场的红海之中闯出一片蓝海——海阔凭鱼跃。杭州信达选择的道路是通过标准化努力提升专业化水平，通过优质的监理服务争取市场。

1.标准化应该是便捷的。

杭州信达从2005年开始想做标准化。但当时的想法很简单，认为标准化就是做一本标准。2005年底，完成了第一本300多页的企业标准。同时，还购进了2002版的房屋建筑工程的相关规范，发放给每个监理人员。经过几年的宣贯、运行，我们发现执行情况并不理想。通过调查分析显示，不少员工认为标准"太厚"、"太繁"、"不实用"，因此并不愿意学习、使用企业标准。这时候我们认识到，"标准≠文本"，着手对标准进行改造，首先是将大量的文字转化成便捷的表格，方便一线监理人员使用，使监理人员按照表格逐一打勾，即可完成基本的检查流程。公司总师办与现场监理人员共同探讨、交流，编制了各类《图纸会审要素表格》、《方案审查要素表格》、《旁站记录要素表格》、《巡视记录要素表格》、《安全周检要素表格》等操作表格。

如《承重支模架方案审查要素表格》。这一

承重支模架施工方案审查要素表格

审查内容		审查情况	备注（在方案的页码）
程序性审查	1.施工单位总工是否审批签字并加盖公章；总工证书复印件是否留存，姓名是否与企业资质证书中一致。	☐ 符合要求 ☐ 不符合要求	
	2.方案是否需专家论证，专家论证意见是否已逐条修改完成。	☐ 符合要求 ☐ 不符合要求	
完整性审查	1.工程概况和工程特点描述： ①支模架搭设高度； ②搭设跨度（最大、典型、最小）； ③梁柱墙截面高度（最大、典型）； ④有无较大集中荷载等。	☐ 已描述 ☐ 描述不完整	
	2.方案中是否有承重支模架的计算简图	☐ 有； ☐ 无	
	3.方案计算是否完整： ①墙、柱模的侧压力及杆件间距； ②梁板支撑立杆的强度、稳定性。	☐ 已计算 ☐ 计算不完整	
符合性审查	1.原材料是否符合要求： ①钢管、扣件见证取样试验报告是否留存； ②试验结果不满足时，是否根据试验结果计算，采取加固搭设	☐ 符合 ☐ 不符合	
	2.方案是否符合基本构造要求： ①一般工程立杆间距≤1.2m；超限的高大支模架工程立杆间距≤0.9m； ②步距建议≤1.8m； ③支模架高度≥4m时，应先浇捣竖向结构构件，并将支模架与竖向构件设固结点，间距≤2m； ④扫地杆位于底部200mm处，纵下横上； ⑤立杆顶部伸出水平杆≤200mm。	☐ 符合 ☐ 不符合	
	3.后浇带是否有独立支撑体系，避免过早拆除。	☐ 有；☐ 没有	
	4.搭设人员上岗证书是否留存并在有效内。	☐ 符合；☐ 不符合	

《方案要素审查表》明确告知了监理人员对承重支模架方案审查的基本流程、内容与要点，既保证了对施工方案审查的有效实施，又便于操作。为了进一步提高针对性，同时避免遗漏识别超大支模架（特别是对线荷载超限的情况）我们又制定了下面的表格，要求监理人员在审查方案时加以关注并填写。

构件	截面尺寸（mm）	计算线荷载（kN/m）	净高度（mm）	跨度（mm）	集中荷载（kN/m²）
梁1					
梁2					
…					

有无超高、超大、线荷载、集中荷载超限情况	☐ 无 ☐ 有，位置：

再如《钻孔灌注桩混凝土旁站记录要素表格》。钻孔灌注桩混凝土浇捣旁站工作的重要性毋庸置疑。但是，以往监理人员在按照国家统一用表填写时往往不得要领，缺少对关键数据的反映。

天气：
旁站的部位或工序：_____ ＃ 钻孔灌注桩混凝土灌注
旁站开始时间：　　　　　　　　　　　　　　　　　旁站结束时间：
施工情况： 本桩桩径____，混凝土标号为____，混凝土配合比为：_____。 施工管理人员为_____，操作工人_____人。混凝土灌注理论方量_____m³，实际灌筑方量_____m³，充盈系数K=_____。计算初灌量为_____m³，设计桩顶标高为____m。
监理情况： 1.孔深、入岩深度及钢筋笼吊装已经验收合格。测孔深为_____m，共放置导管_____m，导管底端与孔底距离不得大于50cm。二次清孔时间为_____，测沉渣厚度为____cm，泥浆比重为_____，是否符合设计及施工规范要求：☐是 ☐否。 2.于____时____分开始灌注混凝土，控制混凝土初灌量（第一斗料的方量）>_____m³，保证初灌后导管入混凝土中大于1m以上，督促混凝土灌注连续地进行；拔管时，控制导管在混凝土中埋入2~6m，提醒施工单位，导管应勤提勤拆，一次提留拆管不得超过6m。 3.实测混凝土坍落度：时间：　　测定值：　　时间：　　测定值： 　　　　　　　　　　　　时间：　　测定值：　　时间：　　测定值： 4.见证取样混凝土试块_____组。 5.设计混凝土加灌长度为_____m，换算桩顶标高为_____m，实测桩顶标高为_____m。
发现问题：
处理意见：
备　注：
项目监理机构（章）：_____旁站监理人员（签字）：_____ 日　　期：_____

我们经过大量的调查后编制了上述表格，既明确了钻孔桩混凝土浇捣旁站的工作内容、必须检查、验收、记录的数据，也在一定承担上减少了监理人员工作量。

2.标准化应当是可视的。

可视化是工业企业管理的基本要求，它是将需管理的对象用一目了然的方式来体现。建筑工地上的安全标识标牌就是典型的可视化管理。可视化的特点是简单、直观、易于统一标准，能够使管理信息得到更有效的传递。如何将可视化管理运用到监理工作中我们在以下几个方面进行了尝试。

（1）开展样板带路活动。

样板带路的基本流程是：

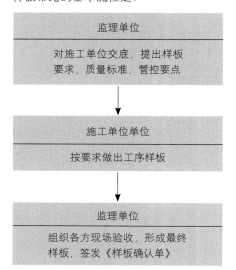

开展样板带路活动的基本要求首先是能够提供大量的各关键工序的样板图片，其次是监理人员要具备组织交底工作的口头表达能力和组织能力。为此，我们发动全体项目监理人员收集整理本项目上好的做法的图片、控制标准，形成公司的资料库、图片库。然后在监理人员中开展样板点评交底的竞赛活动，促进监理人员敢讲、会讲，使样板点评活动成为一种习惯。

样板带路的做法，使得监理的控制标准得以事先向施工单位交底，事先向建设单位作了说明，将质量控制标准直观地呈现出来，便于统一事中控制。同时多次交底，锻炼了监理队伍，提升了监理服务水平，体现了监理的实力与作用，对于提高监理威信也起到了积极的作用。

（2）开展方案点评活动，让方案变成可视的。

在工程监理过程中，非常常见的现象是施工方案审查结束后即束之高阁，监理人员根本不熟悉施工方案的内容。事实上，施工方案应当成为监理控制的依据之一，监理单位应当熟悉、掌握施工方案的内容。但施工方案也存在"太厚、太繁、不直观"的缺点，因此，我们考虑开展方案点评活动，让施工方案变得"可视"。

首先，对施工方案，要求施工单位现场技术负责人"讲方案"，用图片、图表的方式将施工方案呈现出来，建设单位、监理单位的相关人员旁听、点评，使各有关单位的人员对施工方案的内容都能够直观地了解、熟悉和掌握。其次，项目监理机构内部定期开展"方案点评"等学习活动，确保监理人员熟悉图纸、方案、标准等监理依据。

（3）坚持影像管理。

影像管理的好处在于直观反映工程施工的实际情况，便于与样板、标准进行对比、验证。对于隐蔽工程还可提供后期查阅的第一手资料。同时，也有助于积累样板资料。目前，我们已经对钻孔桩等施工过程形成了影像管理的标准要求，包括影像拍摄内容、比例、影像要求、影像检查、收集整理要求等，赢得了建设单位的好评。

3.标准化应当是全员参与的。

监理工作的根本在于落实责任到人，标准化的根本目的也是通过标准的管理流程、管理动作，提升员工的素质、提升服务的水平。因此，监理企业的标准化工作必须是全员参与的。

全员参与体现在以下几方面：

（1）培养员工的标准化意识。

（2）督促员工在监理实践中开展标准化管理动作。

（3）鼓励员工进行收集、整理有关资料，为标准化提供素材。

（4）帮助员工将日常工作中的创新总结、提升为标准。

入岩判断

下钢筋笼

测沉渣

混凝土初灌控制

（5）鼓励青年员工参与企业标准的编制、改进工作。

4.标准化是一个长期的过程。

监理企业应当将标准化作为企业文化建设的一项内容长期坚持。工业企业的标准化建设一般需经历四个阶段：自然本能阶段、督促培育阶段、自主管理阶段和互助提升阶段。在自然本能阶段，标准化仅是少数员工的自发行为，缺少企业管理层的参与、组织与引导。在督促培育阶段，企业已建立起必要的标准化流程、制度与做法，管理层需要引导、督促员工贯彻执行。在自主管理阶段，标准化已逐步深入人心，员工具有较强的标准化思维，能自觉地运用标准化工具。在互助提升阶段，员工不但自己开展标准化活动，还帮助团队的其他成员，参与企业的标准化建设，实现经验分享。

监理企业的标准化也将经历但这四个阶段，而且这一过程必然是长期的，充满困难与挑战的，需要监理企业与监理人员不懈地坚持。

四、结语

杭州信达在推进标准化的过程中，初步积累了一些经验，也取得了一点成效。员工对企业的认同度加强、稳定性提高，对企业开展标准化的参与热情不断提高，目前已经形成一支有40人的青年特聘监理员工队伍，积极参与企业标准化的建设与推进工作中。同时，标准化的运用对于提升监理服务水平也持续发挥积极作用，赢得了不少建设单位的认可，对于公司积累优质客户、形成战略合作关系发挥了积极作用。

《中国建设监理与咨询》征稿启事

　　《中国建设监理与咨询》是中国建设监理协会与中国建筑工业出版社合作出版的连续出版物，侧重于监理与咨询的理论探讨、政策研究、技术创新、学术研究和经验推介，为广大监理企业和从业者提供信息交流的平台，宣传推广优秀企业和项目。

　　一、栏目设置：政策法规、行业动态、人物专访、监理论坛、项目管理与咨询、创新与研究、企业文化、人才培养。

　　二、投稿邮箱：zgjsjlxh@163.com，投稿时请注明电话和联系地址等内容。

　　三、投稿须知：

　　1.来稿要求原创，主题明确、观点新颖、内容真实、论据可靠，图表规范，数据准确，文字简练通顺，层次清晰，标点符号规范。

　　2.作者确保稿件的原创性，不一稿多投、不涉及保密、署名无争议，文责自负。本编辑部有权作内容层次、语言文字和编辑规范方面的删改。如不同意删改，请在投稿时特别说明。请作者自留底稿，恕不退稿。

　　3.来稿按以下顺序表述：①题名；②作者(含合作者)姓名、单位；③摘要(300字以内)；④关键词(2-5个)；⑤正文；⑥参考文献。

　　4.来稿以3500~5000字为宜，建议提供与文章内容相关的图片（JPG格式）。

　　5.来稿经录用刊载后，即免费赠送作者当期《中国建设监理与咨询》一本。

　　本征稿启事长期有效，欢迎广大监理工作者和研究者积极投稿！

欢迎订阅《中国建设监理与咨询》

　　《中国建设监理与咨询》面向各级建设主管部门和监理企业的管理者和从业者，面向国内高校相关专业的专家学者和学生，以及其他关心我国监理事业改革和发展的人士。

　　《中国建设监理与咨询》内容主要包括监理相关法律法规及政策解读；监理企业管理发展经验介绍；和人才培养等热点、难点问题研讨；各类工程项目管理经验交流；监理理论研究及前沿技术介绍等。

《中国建设监理与咨询》征订单回执

订阅人信息	单位名称				
	详细地址			邮编	
	收件人			联系电话	
出版物信息	全年（6）期	每期（35）元	全年（210）元/套（含挂号费用）	付款方式	银行汇款

订阅信息
订阅自2015年1月至2015年12月，_____套（共计6期/年）　　付款金额合计：￥_____元。

发票信息
□我需要开具发票 发票抬头：_____ 发票类型：□一般增值税发票　□专用增值税发票（征订5套及以上；开专用增值税发票请提供相关信息及营业执照副本复印件） 发票寄送地址：□收刊地址　□其他地址 地址：_____邮编：_____收件人：_____联系电话：_____

付款方式：请汇至"中国建筑书店有限责任公司"； 　　　　　　如需专用增值税发票且订单金额超过840元（征订5套及以上），请汇至"中国建筑工业出版社"。	
银行汇款 □ 户　名：中国建筑书店有限责任公司 开户行：中国建设银行北京甘家口支行 账　号：1100 1085 6000 5300 6825	银行汇款 □（如需增值税发票且征订5套及以上） 户　名：中国建筑工业出版社 开户行：中国工商银行北京百万庄支行 账　号：0200 0014 0900 4600 466

　　备注：为便于我们更好地为您服务，以上资料请您详细填写。汇款时请注明征订《中国建设监理与咨询》并请将征订单回执与汇款底单一并传真或发邮件至中国建设监理协会信息部，传真010-68346832，邮箱zgjsjlxh@163.com。

　　联系人：中国建设监理协会　王北卫　孙璐电话：010-68346832。
　　中国建筑工业出版社　张幼平电话：010-58337166
　　中国建筑书店　电话：010-68324255

《中国建设监理与咨询》协办单位

 北京市建设监理协会 会长：李伟	 中国铁道工程建设协会 副秘书长兼监理委员会主任：肖上潘	 京兴国际工程管理有限公司 执行董事兼总经理：李明安	 北京兴电国际工程管理有限公司 董事长兼总经理：张铁明
 北京五环国际工程管理有限公司 总经理：黄慧	 北京海鑫工程监理公司 总经理：栾继强	 中国水利水电建设工程咨询北京有限公司 总经理：孙晓博	 鑫诚建设监理咨询有限公司 董事长：严弟勇　总经理：张国明
 北京赛瑞斯国际工程咨询有限公司 董事长：路戈	 北京希达建设监理有限责任公司 总经理：黄强	 秦皇岛市广德监理有限公司 董事长：邵永民	 山西省建设监理协会 会长：唐桂莲
 山西省建设监理有限公司 董事长：田哲远	 山西煤炭建设监理咨询公司 总经理：陈怀耀	 山西和祥建设通工程项目管理有限公司 执行董事：史鹏飞	 太原理工大成工程有限公司 董事长：周晋华
 山西省煤炭建设监理有限公司 总经理：苏锁成	 山西震益工程建设监理有限公司 总经理：黄官狮	 山西神剑建设监理有限公司 董事长：林群	 山西共达建设项目管理有限公司 总经理：王京民
 晋中市正元建设监理有限公司 执行董事兼总经理：李志涌	 运城市金苑工程监理有限公司 董事长：卢尚武	山西协诚建设工程项目管理有限公司 董事长：高保庆	 沈阳市工程监理咨询有限公司 董事长：王光友
 上海建科工程咨询有限公司 总经理：何锡兴	 上海振华工程咨询有限公司 总经理：沈煜琦	 江苏省建设监理协会 秘书长：朱丰林	 江苏誉达工程项目管理有限公司 董事长：李泉
 LCPM 连云港市建设监理有限公司 董事长兼总经理：谢永庆	 江苏赛华建设监理有限公司 董事长：王成武	浙江省建设工程监理管理协会 副会长兼秘书长：章钟	 浙江江南工程管理股份有限公司 董事长总经理：李建军
 浙江五洲工程项目管理有限公司 董事长：蒋廷令	安徽省建设监理协会 会长：盛大全	 合肥工大建设监理有限责任公司 总经理：王章虎	 安徽省建设监理有限公司 董事长兼总经理：陈磊

《中国建设监理与咨询》协办单位

厦门海投建设监理咨询有限公司 法人：陈仲超	萍乡市同济工程咨询监理有限公司	中兴监理 郑州中兴工程监理有限公司 执行董事兼总经理：李振文	中汽智达（洛阳）建设监理有限公司 董事长：刘耀民
河南建达工程建设监理公司 总经理：蒋晓东	郑州基业工程监理有限公司 董事长：潘彬	武汉华胜工程建设科技有限公司 董事长：汪成庆	长沙华星建设监理有限公司 总经理：胡志荣
中国水利水电建设工程咨询中南有限公司 HYDROCHINA MID-SOUTH ENGINEERING & CONSULTING CO.,LTD. 中国水利水电建设工程咨询中南有限公司 法人代表：朱小飞	深圳市监理工程师协会 深圳市监理工程师协会 副会长兼秘书长：冯际平	WANG TAT 广州宏达工程顾问有限公司 广州宏达工程顾问有限公司 公司负责人：罗伟峰	广东国信工程监理有限公司 负责人：何伟
10333.com 大太阳建筑网 行业首选的门户网站 深圳大尚网络技术有限公司 总经理：乐铁毅	科宇顾问 深圳科宇工程顾问有限公司 董事长：王苏夏	CDPM 广东监理 广东工程建设监理有限公司 总经理：毕德峰	华工监理 广东华工工程建设监理有限公司 总经理：刘安石
重大林鸥 LINOU 重庆林鸥监理咨询有限公司 总经理：肖波	CISDI 重庆赛迪工程咨询有限公司 Chongqing CISDI Engineering Consulting Co., Ltd. 重庆赛迪工程咨询有限公司 总经理：冉鹏	重庆联盛建设项目管理有限公司 董事长兼总经理：雷开贵	HASIN 华兴咨询 重庆华兴工程咨询有限公司 董事长：胡明健
二滩国际 Ertan International 四川二滩国际工程咨询有限责任公司 董事长：赵雄飞	贵州建工监理咨询有限公司 总经理：张勤	中国电建集团贵阳勘测设计研究院有限公司 总经理：潘继录	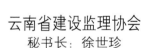云南省建设监理协会 秘书长：徐世珍
X D P M 云南新迪建设咨询监理有限公司 董事长兼总经理：杨丽	陕西永明项目管理有限公司 总经理：张平	高新监理 GAO'XIN PROJECT MANAGEMENT 西安高新建设监理有限责任公司 董事长兼总经理：范中东	西安铁一院 中国铁建 工程咨询监理有限责任公司 XI'AN ENGINEERING CONSULTANCY&SUPERVISION CO.,LTD.FSDI 西安铁一院工程咨询监理有限责任公司 总经理：杨南辉
PM 西安普迈项目管理有限公司 董事长：王斌	中国节能 CHINA ENERGY CONSERVATION AND ENVIRONMENTAL PROTECTION GROUP 西安四方建设监理有限责任公司 董事长：史勇忠	KUNLUN ECC昆仑监理 新疆昆仑工程监理有限公司 总经理：曹志勇	新疆天麒 XINJIANG TIANQI 新疆天麒工程项目管理咨询有限责任公司 董事长：吕天军
渝正信 重庆正信建设监理有限公司 董事长：程辉汉	河南省建设监理协会 河南省建设监理协会 常务副会长：赵艳华	CACC 北京中企建发监理咨询有限公司 总经理：王列平	赵开 云南国开建设监理咨询有限公司 执行董事兼总经理：张葆华
华 春 华春建设工程项目管理有限责任公司 董事长：程辉汉			

郑州市新郑国际机场候机楼工程（鲁班奖）

郑州市郑东新区滨河路跨东西运河立交桥（国家市政金杯奖）

顺驰中央特区

河南省省委党校代建工程

河南省人民医院病房楼（国家优质工程银奖）

河南光彩大厦（国家优质工程银奖）

郑州大学图书馆（国家优质工程银奖）

河南省地质博物馆（国家优质工程银奖）

河南建达工程建设监理公司

河南建达工程建设监理公司创建于 1993 年，依托河南省唯一的 211 工程重点院校——郑州大学，公司拥有强大的技术团队支持、雄厚的人才储备和先进的管理理念，专注于房屋建筑工程监理、市政公用工程监理、工程招标代理和工程项目代建服务质量的提升。公司现拥有房建工程监理甲级、市政工程监理甲级、通信工程监理乙级、化工石油工程监理乙级、机电安装工程监理乙级和工程招标代理乙级等专业资质。同时提供工程项目代建及工程项目管理服务。

大浪淘沙，激流勇进。在市场经济的惊涛骇浪中，建达监理公司走过了 22 年的风雨历程，从小到大，从弱到强，为河南省监理事业的发展谱写了光辉的篇章。公司目前已形成了一支敬业、高效、团结、严谨、和谐的团队，在册专业技术人员 500余人，共有注册监理工程师 100 余人，注册造价工程师、注册建造工程师 40 余人，中国工程监理大师 1 人。

22 年来建达人重合同守信誉，多次被评为国家、河南省、郑州市三级先进监理单位；多次入选河南省建设厅重点推荐的"全省工程监理企业 20 强"；2007 年、2012 年、2014 年被评为全国先进监理企业；2008 年被评为"中国建设监理创新发展 20年工程监理先进企业"。一分耕耘一分收获，建达人艰苦努力和不懈追求结出累累硕果。在承揽的各类工程中有郑州新郑机场工程、河南省人民医院病房楼工程、河南省委办公楼工程、河南省体育中心体育场工程、郑州大学图书馆工程和河南移动

通讯大厦工程、郑州大学新校区综合管理中心工程和河南省地质博物馆综合楼工程、郑州市郑东新区滨河路跨东西运河立交桥、郑州市京广快速路工程等十五项工程荣获鲁班奖、国家优质工程奖和国家市政金杯奖，还有其他 50 余项工程荣获河南省"中州杯"优质工程奖。

敬业创新，与时俱进，这就是建达人的信念。2006 年以来，公司顺应市场的发展趋势，努力拓展新的业务领域，大力开展工程项目代建、工程招标代理服务，以代建项目管理为工作重点，以建达品牌为核心，力求稳步发展的同时争取新的业务增长点。作为河南省首批建设工程项目管理和代建工程试点企业，2007 年 1 月公司承担的河南省首个政府大型代建工程——占地 247 亩、建筑面积 3.6 万平方米、投资达 1.13 亿元的中共郑州市委党校迁建工程现已顺利竣工。这标志着公司在工程项目代建领域迈出了坚实的第一步。2009 年 6 月公司承担的第二个大型代建项目——总用地面积达 67 万平方米、总建筑面积 11.99 万平方米、总投资达 5.99 亿元的中共河南省委党校新校区工程奠基典礼，为公司工程项目代建业务的发展翻开了新的一页。

22 年的激情汗水迎来今日的灿烂辉煌，建达人一步一个脚印的走到了今天，在实践里成长，在创新中超越，收获的是荣誉和掌声，延续的是梦想和希望。

地　址：郑州市文化路 97 号郑州大学工学院内
邮　编：450002
电　话：0371-63887416
传　真：0371-63886373
网　址：www.jianda.cn

背景：中共郑州市委党校迁建工程（项目代建）

江苏省建设监理协会

协会概况

江苏省建设监理协会是由在江苏省内从事工程建设监理、工程项目管理及工程咨询等咨询服务类企事业单位自愿组成的非营利性行业社团组织，成立于1999年，现为中国建设监理协会的团体会员单位。

协会宗旨

协会的宗旨是：遵守法律法规和国家相关政策，遵守社会道德风尚，沟通政府、会员单位和社会各方关系，为会员单位服务；引导会员单位遵循"守法、诚信、公正、科学"的职业准则，促进江苏省建设监理事业的健康发展。

协会的业务范围

制定行业发展规划，开展行业调研、行业评比、课题研究，业务培训与交流、技术咨询。制订行业工作标准，编辑出版交流刊物。

积极完成建设行政主管部门委托的工作任务。

协会会员及组织机构

协会设有维权与自律委员会、行业发展委员会、专家委员会、协会秘书处及会刊《江苏建设监理》。

江苏建设监理协会现有会员单位402家。

江苏省建设监理协会会长顾小鹏　　江苏省建设监理协会秘书长朱丰林

《江苏建设监理》通讯员工作会议颁奖

江苏省的省市监理协会联席会议

江苏省省市协会领导合影

工程保险签约代表合影

举办丰富多彩的行业活动，增强行业荣誉感和凝聚力

深入监理企业和项目监理机构，开展调查研究

组织企业参加 CIOB 组织，并赴英国授证

河南省建设监理协会

河南省建设监理协会成立于 1996 年 10 月，经过十余年的创新发展、积累完善，现已形成规章制度齐备、部门机构齐全、运作模式成熟的现代行业协会组织。现有专职工作人员 8 人，秘书处下设培训部、信息部、行业发展部和综合办公室，另设专家组和理论研究委员会。

河南省建设监理协会根据章程，实现自我管理，在提供政策咨询、开展教育培训，搭建交流学习平台，开展调查研究，创办报刊和网站、实施自律监督，维护公平竞争环境，促进行业发展、维护企业合法权益等方面，积极发挥自身作用。

十余年来，河南省建设监理协会秉承热情服务、排忧解难的办会理念，不断提高行业协会整体素质，打造良好的行业形象，增强工作人员的服务能力，将全省监理企业凝聚在协会这个平台上，引导企业对内相互交流扶持，对外抱团发展，引领行业诚信奉献，实现监理行业的社会价值。大力加强协会的平台建设，带领企业对外交流，同外省市兄弟协会、企业沟通交流，实现资源共享，信息共享，共同发展，扩大河南监理行业的知名度和影响力，使监理企业对协会平台有认同感和归属感。创新工作方式方法，深入开展行业调查研究，积极向政府及其部门反映行业、会员诉求，提出行业发展规划等方面的意见和建议，积极参与相关行业政策的研究、制定、修订，推动行业诚信建设，建立完善行业自律管理约束机制，规范会员行为，协调会员关系，维护公平竞争的市场环境。

新时期，新形势。根据国家对行业协会的改革思路，河南省建设监理协会将按市场化的原则、理念和规律，开门办会，努力建设新型行业协会组织，为创新社会管理贡献力量。同时，依据河南省民政厅和住建厅的要求，协会将极力提升治理能力，完善治理体系，积极做好各项准备，适应行政管理体制改革、转变政府职能对行业协会提出的新要求、新挑战。

奉献，服务，分享。河南省建设监理协会的建设、成长和创新发展，离不开政府主管部门和中国建设监理协会的专业指导，离不开各省市兄弟协会和监理单位的鼎立支持，在可预见的未来，河南省建设监理协会将继续努力适应新形势的要求，继续建立和完善以章程为核心的内部管理制度，健全会员代表大会和理事会制度，继续加强自身服务能力建设，充分发挥行业协会在经济建设和社会发展中的重要作用。

江苏誉达工程项目管理有限公司

江苏誉达工程项目管理有限公司（原泰州市建信建设监理有限公司）坐落于美丽富饶的江南滨江城市泰州，成立于1996年，是泰州市首家成立并首先取得住建部审定的甲级资质的监理企业，现具有房屋建筑甲级、市政公用甲级、人防工程甲级监理及造价咨询乙级、招标代理乙级资质。

公司拥有工程管理及技术人员共393人，其中高级职称（含研高）38人，中级职称128人，涵盖工民建、岩土工程、钢结构、给排水、建筑电气、供热通风、智能建筑、测绘、市政道路、园林、装潢等专业，拥有国家注册监理工程师44人、注册造价师10人、一级建造师8人、注册结构工程师2人、人防监理工程师78人、安全工程师4人、设备监理工程师2人、江苏省注册监理工程师53人。十多人次获江苏省优秀总监或优秀监理工程师称号。

公司自成立以来，监理了200多个大、中型工程项目，主要业务类别涉及住宅（公寓）、学校及体育建筑、工业建筑、医疗建筑及设备、市政公用及港口航道工程等多项领域，有二十多项工程获得省级优质工程奖。

1999年以来，公司历届被江苏省住建厅或江苏省监理协会评为优秀或先进监理企业，2008年被江苏省监理协会授予"建设监理发展二十周年工程监理先进企业"荣誉称号。

公司的管理宗旨为"科学监理，公正守法，质量至上，诚信服务"，落实工程质量终身责任制和工程监理安全责任制，自2007年以来连续保持质量管理、环境管理及健康安全体系认证资格。

公司注重社会公德教育，加强企业文化建设，创建学习型企业，打造"誉达管理"品牌，努力为社会、为建设单位提供优质的监理（工程项目管理）服务。

常州大学怀德学院

靖江市体育中心

靖江港城大厦

背景：泰州新区医院

海南龙沐湾海景公寓

北京理工大学体育馆（奥运场馆）

北京地铁5号线机电安装

鄂尔多斯国泰商务广场

新城国际公寓

济南垃圾焚烧发电厂　国家金融信息大厦

背景：石家庄中银广场

北京五环国际工程管理有限公司

北京五环国际工程管理有限公司（原北京五环建设监理公司）成立于1989年，是全国首批试点监理单位之一，为我国建设监理事业的开创和发展作出了有益的探索和较大的贡献，是中国建设监理协会常务理事单位、北京建设监理协会副会长单位、中国兵器工业建设协会监理分会副会长单位。公司于1996年通过了质量体系认证，2006年通过了环境管理体系和职业健康安全管理体系认证。2009年取得住房和城乡建设部核发的建设工程监理综合资质，可承担所有专业工程类别的建设工程监理和项目管理、技术及造价咨询。公司持有招标代理资质，可承担招投标代理服务。

公司现有员工400余人，专业配套齐全，员工中具有高、中级以上技术职称的人员占80%以上，其中具有国家各类注册执业资格的人员占40%以上。公司的重点业务领域涉及房屋建筑工程、轨道交通工程、烟草工业工程和垃圾焚烧发电工程、市政公用工程等。公司成立以来，先后在京内外共承担并完成了1000余项工程的监理工作，监理的总建筑面积达2000多万平方米，其中近百项工程分别获得北京市及其他省市地方优质工程奖、詹天佑奖、鲁班奖以及国家优质工程奖。公司已有多人次被住房和城乡建设部、中国建设监理协会和北京市建设监理协会授予先进监理工作者、优秀总监理工程师和优秀监理工程师称号，公司也多次被评为全国和北京市先进建设监理单位。

公司积多年的监理和管理经验，建立了完善的管理制度，实现了监理工作的标准化、程序化和规范化。公司运用先进的检测设备和科学的检测手段，为工程质量提供可靠的保障；公司通过自主开发和引进的先进管理软件，建立了办公自动化管理平台和工程建设项目管理信息系统，实现了计算机辅助管理和工程信息化管理，提高了管理水平、管理质量和工作效率。近年来，公司不断适应所面临的经济形势和市场环境，谋求可持续发展，更新经营理念，拓展经营和服务范围，以为业主提供优质服务为企业生存之本，用先进的管理手段和一流的服务水平，为业主提供全方位的工程监理、项目管理和技术咨询服务。

地　址：北京市西城区西便门内大街79号4号楼
电　话：010-83196583
传　真：010-83196075

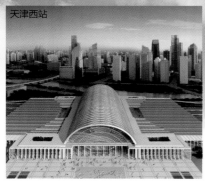
天津西站

北京华贸中心

中钢天津响螺湾项目

盘古大观（又称七星摩根）

MCC
中冶京诚
北京赛瑞斯国际工程咨询有限公司

公司创立于1993年，是中国冶金科工股份有限公司控股子公司中冶京诚工程技术有限公司的全资子公司，原名"北京钢铁设计研究总院监理部"，1995年，注册成立北京赛瑞斯工程建设监理有限责任公司，2007年更名为北京赛瑞斯国际工程咨询有限公司。

公司具备建筑、结构、总图运输、给水排水、采暖通风、电力、通讯、建筑智能化、岩土工程、工程经济、市政道路、环境保护、园林绿化、工艺设备等21个专业，主要从事民用工程、工业工程和市政工程等方面的项目监理、工程咨询、造价咨询、项目管理（代建）等全过程管理咨询服务。

公司拥有国家住房和城乡建设部颁发的综合监理资质、国家发改委颁发的工程咨询甲级资质、国家人防办颁发的人民防空建设监理甲级资质单位证书。作为国内首家通过ISO9000质量体系认证的工程咨询企业，公司现已通过质量、环境和职业健康安全三位一体的管理体系认证，并通过卓越管理体系评价，获AAA质量等级认证。

赛瑞斯始终将人力资源作为最为宝贵的财富。公司现有员工千余人，其中，具有高级以上技术职称的391人，中级以上技术职称550人，通过国家各类职业资格认证近350人。赛瑞斯已逐步形成了一支团结、敬业、务实、高效的项目管理团队。

公司成立22年来，先后承担了北京最大的市政配套工程"北京市朝阳区CBD核心区地下基础配套设施工程"，全国第一条城市中低速磁悬浮轨道交通线路S1线，亚洲最大的火车站"北京南站"工程，奥运会场馆中单体建筑面积最大的"北京奥林匹克会议中心工程"，全国钢结构金奖工程"盘古大观（又称七星摩根）"、北京首个城市大型综合体"北京华贸中心工程"、全国第一个无梁柱钢结构超高层"中钢天津响螺湾"等超高层项目，并在全国十个城市参与了地下轨道交通的建设，在全国十二个城市承担大型火车站房工程监理工作，为国家的建设事业作出了重大的贡献；承接了北京市建委、发改委及相关政府机构负责的数百项建设项目的工程咨询、造价咨询及项目管理等全过程咨询管理服务。

公司所监理的工程获得国家"建设工程鲁班奖"11项、"詹天佑奖"6项、"国家优质工程"8项、"全国市政金杯示范工程奖"8项、"全国装饰工程奖"3项、"金钢奖"3项，获得北京市长城杯及省部级奖300余项；1人荣获国家"工程监理大师"称号，多人被评为各级优秀总监、监理工程师。

公司是中国建设监理协会、中国冶金建设协会理事单位，北京市建设监理协会副会长单位，冶金建设监理专业委员会副主任委员单位，北京民防协会常务理事单位，中国铁道工程建设协会建设监理专业委员单位、北京市咨询协会和北京城建科技促进会会员单位。

未来发展中，公司将秉承"科学公正、环保健康、预防改进、为顾客服务"的管理方针，以规范的管理、专业的技术、良好的信誉和优质的服务在工程监理与咨询领域取得更好的成绩，为国家工程建设监理与咨询事业作出贡献。

背景：北京南站

中国民生银行总部基地

长白山万达项目

几内亚国家体育馆

南京熊猫 8.5 代液晶显示器工程

信息系统监理 – 昆明国际机场

北京希达建设监理有限责任公司

北京希达建设监理有限责任公司始于 1988 年，隶属于中国电子工程设计院，具备工程监理综合资质、信息系统工程监理甲级资质、设备监理甲级资质和人防工程监理甲级资质。

公司的业务范围包括建设工程全过程项目管理、造价咨询、招标代理、建设监理、信息系统监理和设备监理等相关技术服务，涵盖各类工业工程和民用建筑，业务涉及通信信息、医疗建筑、生物医药、航空航天、能源化工、节能环保、电力工程、轻工机械、市政公用工程、铁路建设和海外工程，其中在机场建设、数据中心、城市综合体、大型综合医院和医药工程、微电子净化厂房等领域具有突出优势。

近年来公司承担了众多的国家及地方重点工程建设监理工作，如首都国际机场、石家庄国际机场、昆明国际机场、中国移动数据中心、国网数据中心、中国民生银行总部、北大国际医院、万达广场、几内亚国家体育场、塞内加尔国家剧院、上海华力 12 吋半导体、南京熊猫 8.5 代 TFT、黄骅铁路等。获得鲁班奖、詹天佑奖、国优工程及省部级奖项近百个，公司连续多年获得国家和北京市优秀监理单位称号。

公司拥有完善的管理制度、健全的 ISO 体系，实现了信息化管理。近年来多人获得全国优秀总监、优秀工程师称号，拥有高效、专业的项目管理团队。

石家庄国际机场改扩建工程

北京大学国际医院

沈阳市工程监理咨询有限公司
SHENYANG ENGINEERING SUPERVISION&CONSULTATION CO.,LTD.

沈阳市工程监理咨询有限公司（沈阳监理）成立于1993年，原隶属沈阳市建委，2005年改制为有限公司。2014年8月14日召开沈阳市诚信"红黑榜"新闻发布会并在媒体上公布，公司荣登沈阳市监理企业红榜榜首，获得辽沈地区建设单位的认可与好评，是连续十年的省市先进监理企业，是多年的辽沈守合同重信用企业。

公司拥有住建部批准的房屋建筑、市政公用、公路和通信工程甲级监理资质，机电安装、电力和水利水电工程乙级监理资质，是商务部备案批准的对外援助成套项目和对外承包工程施工监理企业，已通过ISO9001质量管理体系、环境管理体系及职业健康安全管理体系三整合体系认证。现有人员530人，拥有国家注册证书的人员118人，其中建设部国家注册监理工程师82人、国家注册一级建造师12人、国家注册造价工程师5人，交通部注册监理工程师25人，援外备案监理工程师91人。

公司全面建立并完善了现代企业的管理制度，力求做监理咨询、工程卫士，遵纪守法，将社会效益放在首位，用优质的服务产品、高效的咨询管理为客户提供优质的服务，拓展国内外市场。

公司与万科、华润、香港恒隆、香港新世界等国内外知名品牌地产商共同成长，并获得了他们的信任和支持。在援非盟会议中心项目中商务部领导给予公司"讲政治、顾大局"的高度评价，承担了援加蓬体育场、援斯里兰卡国家艺术剧院、莫桑比克马普托国际机场、莫桑比克贝拉N6公路、马达加斯加五星级酒店等70多项援外和国际工程承包项目监理及管理服务工作。

近年来，公司承担监理和实施项目管理的国内外工程项目所获奖项涵盖面广，囊括了建设部的所有奖项和市政部门的最高奖项。共荣获国家级奖项9项，省市奖项近百项，多次的省检国检获得建设管理部门的表彰。

自2010年起，公司已经意识到作为辽沈地区龙头企业的发展方向，积极开拓新产品，顾问咨询，项目实施过程中和交付前的第三方评估、政府咨询顾问、全过程项目管理业务全面展开，并获得了所服务客户的认可与好评，满足了建设单位对优质顾问咨询服务的迫切要求，通过与华润、幸福基业、万科、康平新城、浑南新城的合作，既为克服目前的经济周期奠定了基础，也打造了一支过硬的管理咨询团队，向国际一流的咨询管理企业学习，实现公司向外埠要项目、向国外要发展、走出去的战略，早日实现打造集工程监理与项目管理一体化，投资、融资于一身的诚信、名牌的国际工程管理顾问公司，成为中国监理行业的领跑者。

地　址：沈阳市浑南新区天赐街7号曙光大厦C座9F
电　话：024—23769822　024—22947927
传　真：024—23769541
网　址：http://www.syjlzx.com

非盟会议中心

万科金域蓝湾

中国医科大学附属第一医院

沈阳皇城恒隆广场

奥体中心

马普托国际机场

万达（五星级）酒店，建筑面积 37 万平方米，总投资 7 亿，获国家鲁班奖

山西省体育中心体育馆 27220 平方米，省优质工程汾水杯

煤炭交易中心，荣获鲁班奖、华夏数码中心获国家优质工程银奖。

华夏数码中心

辽宁华锦化工集团乙烯改扩建年产 500 万吨 ，总投资 15 亿

山西协诚建设工程项目管理有限公司

山西协诚建设工程项目管理有限公司，1999 年 1 月 5 日经山西省建设厅和省工商局批准成立，公司注册资金 1000 万元，是规范的有限责任公司。公司董事长高保庆，法人代表兼总经理王海波；法人股东单位为中国兵器工业建设协会。2011 年 3 月成立中国共产党山西协诚建设工程项目管理有限公司委员会。

公司于 2009 年 2 月 6 日经国家住建部核准为工程监理综合资质；同时还具有国家质检总局和发改委核准的设备监理甲级资格及国家国防科技局批准的军工涉密业务咨询服务安全保密资格和山西省环保厅批准的环境监理资质，山西省人防办核准的人防工程监理乙级资质。

公司通过了 ISO9001：2008 质量管理体系、ISO14001：2004 环境管理体系及 OHSAS18001:2007 职业健康安全管理体系的三体系认证，具备有效的运行管理体系，完善的制度体系和企业标准，已实现公司管理的标准化、规范化、信息化。

公司拥有国家和省级各类注册执业资格工程师 309 人，其中国家一级注册建筑师、一级结构师、注册公用设备师、注册监理工程师、注册造价工程师、一级建造师、设备监理工程师、安全监理工程师、铁路监理工程师、咨询工程师、招标师等 200 多人，构成了多专业、多层次的优秀工程项目管理团队。

公司工程项目管理人员专业配套能力强，覆盖了工程监理、设备监理、造价咨询、检测试验等专业，具有从事大中型建设工程管理经历及良好的职业操守，特别是在工程建设监理、设备监理、造价咨询等方面积累了丰富的工程管理经验，具有较强的专业人才储备，能够满足各类工程建设管理工作的需要。

公司工程项目管理经历丰富，专业范围涉及房建、电力、市政工程、冶炼项目、机电安装、石油化工、市政园林、铁路、水利、建材、军工保密项目等多个领域。先后承接国家及省级重点工程等综合性的公用建筑 150 余项。项目分布区域有辽宁、新疆、天津、西安及省内各地市，承接的各项工程均取得良好

的社会效益及委托方的高度评价。

公司获得的荣誉：所监理的工程中荣获国家优质奖 2 项、鲁班奖 1 项；多次荣获省级太行杯奖、汾水杯质量奖、十佳十优项目奖、安全文明工地等奖项；连续多年被评为山西省先进监理企业、全国工程监理先进企业、中国兵器行业先进监理企业；中国创新发展 20 年工程监理先进企业、三晋 20 强工程监理企业；先后有 80 余人次被评为全国、兵器系统及山西省优秀总监、优秀监理工程师。

公司社团会员情况：中国建设监理协会理事单位；山西省建设监理协会副会长单位；中国兵器工业建设协会理事单位；中国兵器工业建设监理分会会长单位；太原市监理协会副会长单位；太原市安全建筑业协会副会长单位；中国设备监理协会会员单位；中国铁道建设工程协会会员单位；山西省环境监理协会常务理事单位。

公司经营理念：规范运作，持续创新，稳定发展，竭诚服务新老客户，实现社会效益和经济效益双赢；协作、诚信、开拓、进取是公司的企业精神。协诚人将以多专业一体化技术和用户至上管理服务理念为业主提供优质的工程项目管理咨询服务。

公司的总体发展目标：以工程监理和招标代理为依托，积极拓展工程项目管理一体化；工程咨询、造价咨询、建筑设计、材料检测试验等业务；形成综合性、规范化、多资质、高效能的建设管理咨询服务及管理总承包能力；创建国内一流的建设项目咨询管理公司。

地　址：山西省太原市三墙路裕德东里 10 号东大盛世华庭 1 幢 A2 座 21 层
邮　编：030009
传　真：0351-5289155
邮　箱：xcjsjl@163.com
联系人：韩华　13700546290

背景：辽宁华锦环氧乙烷项目 年产 20 万吨，总投资 22 亿

山西省建设监理有限公司

山西省建设监理有限公司（原山西省建设监理总公司）成立于 1993 年，于 2010 年 1 月 27 日经国家住房和城乡建设部审批通过工程监理综合资质，注册资金 600 万元。公司成立至今总计完成监理项目 2000 余项，建筑面积达 3000 余万平方米，其中有 10 项荣获国家级"鲁班奖"，1 项荣获"詹天佑土木工程大奖"，2 项荣获"中国钢结构金奖"，1 项荣获"国家优质工程奖"，1 项荣获"结构长城杯金质奖"，6 项荣获"北军优奖"，40 余项荣获山西省"汾水杯"奖，100 余项荣获省、市优质工程奖。

公司技术力量雄厚，集中了全省建设领域众多专家和工程技术管理人员。目前高、中级专业技术人员占公司总人数 90% 以上，国家注册监理工程师目前已有 104 名、国家注册造价工程师 8 名、国家注册一级建造师 20 名、国家一级结构工程师 1 名。

公司拥有自有产权的办公场所，实行办公自动化管理，专业配套齐全，检测手段先进，服务程序完善，能优质高效地完成各项管理职能业务。公司于 2000 年即通过 ISO9001 国际质量体系认证，并能严格按其制度化、规范化、科学化的要求开展监理服务工作。

公司具有较高的社会知名度和荣誉。至今已连续两年评选为"全国百强监理企业"，八次荣获"全国先进工程建设监理单位"，连续十四年荣获"山西省工程监理先进单位"。2005 年以来，又连续获得"山西省安全生产先进单位"以及"山西省重点工程建设先进集体"。2008 年被评为"中国建设监理创新发展 20 年工程监理先进单位"和"三晋工程监理企业二十强"。2009 年中国建设监理协会授予"2009 年度共创鲁班奖监理企业"。2011 年、2013 年再次被中国建设监理协会授予"2010~2011 年度鲁班奖工程监理企业荣誉称号"和"2012~2013 年度鲁班奖及国家优质工程奖工程监理企业荣誉称号"。2014 年 8 月被山西省建筑业协会工程质量专业委员会授予"山西省工程建设质量管理优秀单位"称号，12 月被中国建设监理协会授予"2013~2014 年度先进工程监理企业"称号。

公司始终遵循"严格监理、一丝不苟、秉公办事、热情服务"的原则，贯彻"科学、公正、诚信、敬业，为用户提供满意服务"的方针，发扬"严谨、务实、团结、创新"的企业精神，及独特的企业文化"品牌筑根，创新为魂；文化兴业，和谐为本；海纳百川，适者为能"，一如既往地竭诚为社会各界提供优质服务。

山西省十大重点工程，我们先后承监的有太原机场改扩建工程、山西大剧院、山西省图书馆、中国（太原）煤炭交易中心——会展中心、山西省体育中心——自行车馆、太原南站。公司分别选派政治责任感强、专业技术硬、工作经验丰富的监理项目班子派驻现场，最大限度地保障了"重点工程"监理工作的顺利进行。

今后，公司将以超前的管理理念，卓越的人才队伍，勤勉的敬业精神，一流的工作业绩，树行业旗帜，创品牌形象，为不断提高建设工程的投资效益和工程质量，为推进我国建设事业的健康、快速、和谐发展作出贡献！

中国建行山西分行综合营业大厦荣获 2000 年度中国建筑工程"鲁班奖"

山西省国税局业务综合楼

鹳雀楼荣获 2003 年度中国建筑工程"鲁班奖"

太旧高速公路荣获 1996 年度中国建筑工程"鲁班奖"

山西省博物馆荣获 2006 年度中国建筑工程"鲁班奖"

中国人民银行太原中心支行附属楼 2010-2011 年度中国建筑工程"鲁班奖"

山西省图书馆获 2014—2015 年度中国建筑工程"鲁班奖"

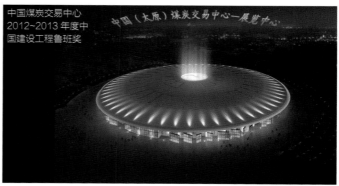

中国煤炭交易中心 2012~2013 年度中国建设工程鲁班奖

太原机场荣获 1995 年度中国建筑工程"鲁班奖"

太原机场航站楼（55000 平方米，2009 年鲁班奖）

地电广场一农行大厦

西安绿地中心项目

创汇社区

西咸新区西部飞机维修基地

西安高新建设监理有限责任公司

  西安高新建设监理有限责任公司（高新监理）成立于2001年3月，注册资金1000万元，是提供项目全过程管理和技术服务的综合性工程咨询企业，具有工程监理综合资质，并通过质量、环境和职业健康安全管理三体系认证。现为中国建设监理协会理事单位、陕西省建设监理协会和西安市建设监理协会副秘书长单位、中国铁道工程建设协会会员单位，先后荣获住建部全国工程质量管理优秀企业，国家、省、市先进工程监理企业，全国建设监理创新发展20年工程监理先进企业等荣誉称号。

  目前公司在册员工400余人，其中国家注册监理工程师81人，注册一级建造师24人，注册造价工程师13人，注册一级结构工程师1人，注册安全工程师5人，注册咨询工程师7人。

  自成立以来，高新监理始终坚持科学化、规范化、标准化的管理模式和"创造价值,服务社会"的经营理念，贯彻"以'安全监理'为核心、以质量控制为重点"的监理工作方针,依托"三标一体"综合体系平台，借助企业级信息化系统，以品牌建设和学习型组织建设彰显企业文化和市场竞争实力，全面实施精细化和标准化管理，并在陕西地区率先实施住宅工程分户验收、创建精品工程、监理合同交底和监理工作内部交底等监理制度，得到了社会各界的充分肯定，客户满意度逐年提升。10多年来，公司实施的各类业务累计建筑面积超过3500万㎡，业务遍及陕西省内及周边地区，40多个项目先后分获中国建筑工程鲁班奖、国家优质工程奖、全国市政金杯示范工程、中国有色金属工业（部级）优质工程等国家和省部级奖项。

地　址：陕西省西安市高新区沣惠南路华晶广场B座15层
电　话：029-62669160　62669199
传　真：029-62669168
网　址：www.gxpm.com
微　信：XIANGXPM

西安市雁翔路北段道路、雨污水、电力管沟工程

（国核宝钛核级锆材生产线项目）

西安高新第一小学

中汽智达（洛阳）建设监理有限公司

中汽智达（洛阳）建设监理有限公司，成立于1993年，是中国汽车工业工程有限公司（原机械工业第四、第五设计研究院创立式重组成立）下属具有二级独立法人资格的国有全资建设监理企业，持有住房和城乡建设部颁发的建设工程综合监理资质证书，可承担所有专业工程类别建设工程项目的工程监理、项目管理、技术咨询等业务。

人力资源丰富，技术实力雄厚。公司现有各类技术人员三百多人，其中教授级高级工程师5人，高级工程师67人，工程师205人；各类国家注册工程师132人次。涵盖了地质、测量、规划、建筑、结构、给水排水、暖通、动力、电气及IT、市政公用、技术经济、计算机网络、道路桥梁、铸造、锻压、冲压、焊接、涂装、总装等三十多个不同专业；年龄结构搭配合理，具有较强的技术素养、管理及服务能力。

作风硬朗，服务周到。公司持续保持"质量、环境、职业健康安全"三标管理体系认证。始终奉行"合作、进取、至诚、超越"的企业精神和"进德、明责，顾客价值"的核心价值观，恪守"高水平的技术＋优质服务＋持续创新"的质量方针，坚持"严格监理，热情服务"的理念，致力于为用户提供周到细致的技术服务，以用户的要求和利益作为一切工作的出发点和归宿。不但满足用户提出的要求，还要充分考虑用户的经济利益。以技术进步为手段，以人员素质为基础，以优质的工作，保证建设监理项目的高质量。

行业标兵，业绩显著：公司荣获2013~2014年度"中国建设监理行业先进监理企业"称号。1997~2013年连续被评为"河南省建设监理先进单位"和"洛阳市建设监理先进单位"；2007以来被评为"河南省工程监理企业二十强"；2008年被评为"中国建设监理创新发展20年监理先进企业"；2003~2014年连续被评为"中国监理协会机械分会建设监理先进单位"。

公司自成立以来，不断拓宽监理服务的领域，提升企业品牌。共完成大中型以上建设工程监理任务1000余项，总投资额累计2200亿元，总面积累计6250余万平方米。近年来，获得国家鲁班奖、其他国家建设系统金奖及省级优质工程奖95项。先后监理完成的建设项目包括国家"863"高科技建设工程项目、大型工业项目（从土建、公用系统到设备监造、安装、单机调试、联动试车、试生产等全过程监理）、五星级酒店、高层及超高层公用及民用建筑、综合体育中心及单体场馆、水处理厂、污水处理厂、市政道路等482项特等及一等工程、356项二等工程。从惊天动地的抗震一线到默默无闻的普通工程，从白雪皑皑的北国到莺歌燕舞的南方，从黄土高原到东海之滨，都留下了智达人辛勤的汗水和艰苦的努力，都记录着智达人探索奋斗的历程和艰苦创业的精神。

三门峡环球金融中心

卡特彼勒

大众汽车项目

宇通客车

洛阳体育中心体育场和会展中心

背景：正大广场效果图

荣誉墙一瞥

海投监理代表业绩之海投大厦

厦门海投建设监理咨询有限公司

厦门海投集团全资企业，系房屋建筑工程监理甲级、市政公用工程监理甲级、机电安装工程监理乙级、港口航道工程监理乙级、水利水电工程监理丙级、人防工程监理丙级国有企业。企业实施 ISO9001：2008、ISO14001 和 OHSAS18001 即质量／环境管理／职业健康安全三大管理体系认证，是福建省人民政府和厦门市人民政府"守合同，重信用"单位、中国建设行业资信 AAA 级单位、福建省省级政府投资项目和厦门市市级政府投资项目代建单位、福建省和厦门市先进监理企业、厦门市诚信示范企业。先后荣获中国建设报"重安全、重质量"荣誉示范单位、福建省质量协会"讲诚信、重质量"单位和"质量管理优秀单位"及"重质量、讲效益"和"推行先进质量管理优秀企业"福建省质量网品牌推荐单位、厦门市委市政府"支援南平市灾害重建对口帮扶先进集体"、厦门市创建优良工程"优胜单位"、创建安全文明工地"优胜单位"和建设工程质量安全生产文明施工"先进单位"、中小学校舍安全工程监理先进单位"文明监理单位"、南平"灾后重建安全生产先进单位"、厦门市总工会"先进职工之家"等荣誉称号。

公司坚持以立足海沧、建设厦门、服务业主、贡献社会为企业的经营宗旨，本着"优质服务，廉洁规范"、"严格监督、科学管理、讲求实效、质量第一"的原则，依托海投系统雄厚的企业实力和人才优势，坚持高起点、高标准、高要求的发展方向，积极引进各类中高级工程技术人才和管理人才，拥有一批荣获省、市表彰的优秀总监、专监骨干人才。形成了专业门类齐全的既有专业理论知识，又有丰富实践经验的优秀监理工程师队伍。运用先进的仪器设施和完备的专业监理设备，依靠自身的人才优势、技术优势和地缘优势，竭诚为广大业主服务。监理业务已含括商住房建、市政道路、工业厂房、钢架结构、设备安装、园林绿化、装饰装修、人民防空、港口航道、水利水电等工程。公司业绩荣获全国优秀示范小区称号、詹天佑优秀住宅小区金奖和广厦奖。一大批项目荣获省市闽江杯、鼓浪杯、白鹭杯等优质工程奖，一大批项目被授予省市级文明工地、示范工地称号。

公司推行监理承诺制，严格要求监理人员廉洁自律，认真履行监理合同，并在深化监理、节约投资、缩短工期等方面为业主提供优良的服务，受到了业主和社会各界的普遍好评。

员工交流

辉煌的监理业绩

地　址：厦门市海沧区钟林路 8 号海投集团大厦 15 楼
邮　编：361026
电　话：0592-6881023（办公）　6881025（业务）
网　址：www.xmhtjl.cn

海投监理最棒——海西建设奋勇向前！

背景：滨湖花园

北京市建设监理协会

北京市建设监理协会成立于1996年，是经北京市民政局核准注册登记的非盈利社会法人单位，由北京市住房和城乡建设委员会为业务领导，并由北京市社团办监督管理，现有会员230家。

协会的宗旨是：坚持党的领导和社会主义制度，发展社会主义市场经济，推动建设监理事业的发展，提高工程建设水平，沟通政府与会员单位之间的联系，反映监理企业的诉求，为政府部门决策提供咨询，为首都工程建设服务。

协会的基本任务是：研究、探讨建设监理行业在经济建设中的地位、作用以及发展的方针政策；协助政府主管部门大力推动监理工作的制度化、规范化和标准化，引导会员遵守国法行规；组织交流推广建设监理的先进经验，举办有关的技术培训和加强国内外同行业间的技术交流；维护会员的合法权益，并提供有力的法律支援，走民主自律、自我发展、自成实体的道路。

北京市建设监理协会下设办公室、信息部、培训部等部门，"北京市西城区建设监理培训学校"是培训部的社会办学资格，北京市建设监理协会创新研究院是大型监理企业的自愿组成的研发机构。

北京市建设监理协会开展的主要工作包括：

协助政府起草文件、调查研究，做好管理工作；

参加国家、行业、地方标准修订工作；

参与有关建设工程监理立法研究等内容的课题；

反映企业诉求，维护企业合法权利；

开展多种形式的调研活动；

组织召开常务理事、理事、会员工作会议，研究决定行业内重大事项；

开展"诚信监理企业评定"及"北京市监理行业先进"的评比工作；

开展行业内各类人才培训工作；

开展各项公益活动；

开展党支部及工会的各项活动。

北京市建设监理协会在各级领导及广大会员单位支持下，做了大量工作，取得了较好成绩。

协会将以良好的精神面貌，踏实的工作作风，戒骄戒躁，继续发挥桥梁纽带作用，带领广大会员单位团结进取，勇于创新，为首都建设事业不断做出新贡献。

地　　址：北京市西城区长椿街西里七号院东楼二层
邮　　编：100053
电　　话：（010）83121086　83124323
邮　　箱：bcpma@126.com
网　　址：bcpma.org.cn

北京市 2015 年建设工程监理工作会

北京市建设监理协会五届三次理事工作会议

北京市建设监理协会举办监理人员培训班

北京市建设监理协会 2014 年大型公益讲座

北京市建设监理协会爱心助学活动